河北邯郸段大运河建筑文化研究

2022 年度河北省文化艺术科学规划和旅游研究重点项目

项目批准号：HB22-ZD012

武晶 莫菁洁 著

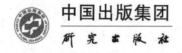

中国出版集团

研究出版社

图书在版编目（CIP）数据

河北邯郸段大运河建筑文化研究 / 武晶，莫菁洁著.
-- 北京 ： 研究出版社，2023.1
  ISBN 978-7-5199-0884-3

Ⅰ．①河… Ⅱ．①武… ②莫… Ⅲ．①大运河－流域
－古建筑－文化遗产－研究－邯郸 Ⅳ．①K928.42
②TU-87

中国版本图书馆 CIP 数据核字(2022)第 084735 号

出 品 人：赵卜慧
出版统筹：张高里　丁　波
责任编辑：陈侠仁

河北邯郸段大运河建筑文化研究
HEBEI HANDANDUAN DAYUNHE JIANZHU WENHUA YANJIU

武晶　莫菁洁　著

研究出版社 出版发行

（10001　北京市东城区灯市口大街100号华腾商务楼）
北京建宏印刷有限公司　　新华书店经销
2023年1月第1版　2023年1月第1次印刷
开本：710mm×1000mm　1/16　印张：11.75
字数：173 千字
ISBN 978-7-5199-0884-3　定价：86.00 元
电话（010）64217619　64217612（发行部）

作者简介

武晶，女，工学博士，教授，现任职于河北工业大学建筑与艺术设计学院、河北工业大学城乡更新与建筑遗产保护中心、河北省健康人居环境重点实验室。曾先后任职于邯郸市建筑设计研究院、河北工程大学、新疆大学（挂职）。目前主要研究方向：建筑史与建筑文化遗产保护、建筑学教育。

莫菁洁，女，工学硕士，副教授，现任职于河北工程大学建筑与艺术设计学院。目前主要研究方向：建筑设计及理论、建筑学教育。

目 录
PREFACE

第三章

传承发展

第四章

保护利用

Chapter 01

第 一 章

研 究 概 述

第一节　研究背景

大运河沉淀了近 3000 年的历史遗迹、古建遗存、古城遗址、宗教文化等丰富的历史文化资源，它连接了吴越文化、淮扬文化、京都文化、海派文化、中原文化、齐鲁文化、燕赵文化等不同地域的文化，堪称中华文明的写照。对大运河的系统研究始于 2006 年，当时的研究重点是进行大运河的保护和申遗，侧重于对运河的肇始与形成、流经的途径与变化、运河对当时社会的贡献与影响、运河文化遗产与非物质遗产以及对这些遗产的保护等。而从挖掘与传承运河深厚的文化底蕴处着眼的较少，没有上升到运河文化带的建设层面。2017 年 2 月 24 日和 6 月 4 日，习近平总书记两次对中国大运河文化带建设作出重要指示与批示，提出"要古为今用，深入挖掘以大运河为核心的历史文化资源"，"大运河是祖先留给我们的宝贵遗产，是流动的文化，要统筹保护好、传承好、利用好"。[1] 2019 年 2 月，中共中央办公厅、国务院办公厅印发《大运河文化保护传承利用规划纲要》，大运河沿线各省市纷纷跟进，陆续开展了此项工作，大运河文化带建设已成为国家层面的发展战略。因此，开展对大运河文化带的研究工作，是落实习近平总书记深入发掘以大运河为核心的历史文化资源指示的需要，是落实国家战略建设大运河文化带的需要。

在大运河文化带建设中，做好沿岸历史遗存与文化旅游产业的发展研究非常重要。历史遗存承载着大运河文化带特有的精神价值、地区特色、文化内涵和民间传统，蕴含了本地区独有的文化传承。2018 年 10 月，中共中央办公厅、国务院办公厅印发了《关于加强文物保护利用改革的若干意见》，把大力推进文物合理利用、促进文物旅游融合发展作为一项重要的改革任务。因此，对大运河沿岸历史遗存与文化旅游产业发展进行研究，必将有利于地区的产业结构转型、推动旅游业的大力发展，带动地方经济的可持续发展。

---

[1] 别志雷：《深入贯彻习近平总书记重要批示精神　切实把大运河保护好传承好利用好》，《河北日报》，2017-07-19。

大运河河北段全长 530 公里，包括北运河、南运河、卫运河、卫河及永济渠遗址，流经廊坊、沧州、衡水、邢台、邯郸 5 市，以其样态真实、遗址类型齐全、价值高在中国大运河中占有重要地位。作为最早启动和完成大运河资源调查的省份，河北省大运河的各项工作开展一直居于全国前列。2022 年 6 月 1 日，《河北省大运河文化遗产保护利用条例》正式开始施行，该条例设八章（总则、规划制定和实施、大运河物质文化遗产保护、大运河非物质文化遗产保护传承、大运河文化遗产利用、监督管理、法律责任、 附则）共六十五条，这是河北省第一部关于大运河的专项法规，填补了大运河法治保护的立法空白。

邯郸作为大运河沿线 35 座城市之一，是中国大运河永济渠上的重要节点城市，是中国大运河黄河以北的肇始者和连通北京、天津的始凿者，地位重要、不可或缺。而在邯郸大运河文化带建设中，对建筑遗产的研究非常重要，它承载着本地区特有的精神价值、地区特色、文化内涵和民间传统，蕴含了本地区独有的文化传承脉络。对其进行保护、传承与利用研究，与邯郸大运河文化带建设中的文化传承、生态环境修复、文化与旅游产业的发展等息息相关，有着特定的学术价值、文化价值、社会价值与应用价值。对弘扬邯郸大运河文化带的优秀传统文化、进行可持续发展、推动地方特色文旅产业开发具有重要的现实意义和深远的历史意义。

第二节　目的与意义

在邯郸大运河文化带上，有饱经沧桑的城市遗存，也有古老的城镇集市和传统村落，还有码头桥梁、河工工程、粮仓会馆、庙宇驿站等众多不同时期的历史建筑。这些建筑遗产，孕育了独具邯郸地方特色的运河精神和诗词歌赋、民俗民风、手工技艺、礼仪传统等精神产品和非物质文化遗产。因此，对邯郸大运河文化带建筑遗产进行研究，可以全面展示与弘扬博大精深的邯郸运河文化，将邯郸大运河文化带建设成为展示、传播邯郸中华优秀文化的长廊，打响邯郸品牌。这是时代赋予我们的历史使命，也是我们应该承担、必须承担的历史责任。

虽然，从国家层面到省市层面都编制了保护规划，并以行政法规的形式公布实施，但是不得不承认，群众层面还没有形成自发、自觉、自愿、自动保护大运河历史文化遗产的认知。因此，通过研究"邯郸大运河文化带"建筑遗产的保护、传承与利用，可以进一步唤醒全民保护意识，增强民众对邯郸历史的敬畏和尊重，让运河文化在群众心目中火起来，把保护大运河遗产变成人们的自觉行动，为弘扬运河文化、继承中华优秀传统文化、实现中华民族伟大复兴的"中国梦"增添地区文化动力。

运河文化作为一种活态的线性文化遗产，它既是历史的，也是当代的，具有生生不息的文化业态和文化精神。这种跨越时空历史维度和地理空间的超大体量的活的动态文化遗产，不同于一般意义上的保护，更不同于静态的循旧守成的保护，它是有生命力的。习近平总书记对大运河文化带建设提出保护好、利用好、传承好的"三好"原则，使大运河文化在世代相传的基础上得到创新，从而更加尊重文化的多样性并进一步激发人类的创造力。大运河的历史文化往往以其建筑遗产为物质载体而存在，对大运河建筑遗产进行保护、传承与利用研究，可以活化运河文化遗产，彰显运河文化的价值，使古老的运河文化焕发活力，打造新时代的运河文化特色。邯郸作为国家历史文化名城、大运河文化带的重要节点城市，在此方面有着举足轻重的地位和独特的地理优势。

大运河文化带建设作为国家战略有着深远的战略意义。它不仅将京津冀协同发展、建设雄安新区联结起来，又将京津冀、环渤海、山东半岛、中原经济区、长江经济带、长三角等不同区域、不同文化背景的经济区域紧密联合在一起，形成一个庞大的经济共同体和经济发展高地。在文化相融的前提下，帮助各个城市站在新的起点上，根据本地市情，力求结合自身特点和资源禀赋，避免同质化竞争，构建不同功能的产业发展目标，实现经济互通、商贸融通、货币流通，促进更大范围内的合作与发展。邯郸是大运河文化带上的一个重要节点城市，对邯郸大运河文化带建筑遗产的研究，强化了邯郸市与北京、天津之间的文化认同，拉近了邯郸市与北京、天津及雄安新区的距离，对邯郸市融入京津冀共同发展、与雄安新区对接有着非常重要的现实意义。

习近平总书记在党的十九大报告中正式提出乡村振兴战略。大运河邯郸段从邯郸市东南部广袤平原地区流过，这一地区以农业为主，资源匮乏，产业单一，经济社会发展缓慢，急需产业升级转型。中国大运河被纳入世界文化遗产后，它的文化底蕴开始显现。大运河文化也成为邯郸市和该流域含金量最高且不可替代的文化资源。所以我们可以借助大运河世界文化遗产这块金字招牌，借助大运河文化带建设上升为国家战略的大好时机，抢抓机遇，放大运河效应，把运河文化资源优势转化为以运河为载体的文化产业发展优势，转化为旅游产业的发展优势。

总之，邯郸大运河文化带建筑遗产研究，可以全面展示与弘扬博大精深的运河文化；唤醒全民保护意识，增强文化自信；推动文化创新，打造新时代的运河文化特色；助推京津冀协同发展，与雄安新区对接，与"一带一路"紧密融合，提高邯郸市在国家战略中的地位和国际上的知名度；助推东部乡村振兴，实现发展转型。

第三节　方法与缘起

本课题对河北邯郸段大运河文化带建筑遗产及其传承发展、保护利用等相关问题展开系统研究。

其一，"保护好"：从世界级、国家级、省级、市级、县级及以下的文化遗产层面，分别对大运河沿岸以建筑为主体的物质文化遗产展开研究，重点关注其演变历史、空间环境、形制风格、技术营建、材料色彩、造型装饰、地方特色等方面。

其二，"传承好"：从梳理传统文化优势、讲好地区文化故事、创新专有旅游特色、搭建文化传承平台四个方面，对邯郸大运河文化带建筑遗产在文化旅游产业发展中的传承发展展开研究。着重研究哲学、建筑学、社会学、艺术学、文学、民俗学等对建筑历史遗存在文化旅游产业发展中的文化价值影响及表现，梳理河北优秀传统文化，彰显河北文化优势的思想精髓、核心要义、重要地位和独特风貌等。

其三，"利用好"：从指导思想与空间布局、发展策略、环境保护、潜力挖掘四个方面，对邯郸大运河文化带建筑遗产在文化旅游产业发展中的利用展开研究。结合旅游学、经济学、城市设计学、建筑学等学科理论，提出历史遗存与文化旅游发展之间的互融互生关系，为以大运河沿岸建筑遗产为依托的文化旅游产业发展提供系统的理论依据与应用策略。

本书采用跨学科的研究方法，综合历史学、文化学、建筑学、旅游学、社会学、心理学等多学科研究理论，秉承可持续发展观，坚持从简单到复杂、从感性到理性、理论分析与建立模型并重的思想方法，坚持文献研究与实地调查相结合，案例分析与理论提炼相结合，系统分析与逻辑比较相结合，对大运河邯郸段建筑遗产进行了系统调查与保护利用研究。

1. 以保护好、传承好、利用好重要指导精神为中心，从文化的高度、文化带的视野，全面梳理邯郸市大运河沿岸的相关历史遗存，改变以往以单一历史遗存为研究对象的思维模式，将其纳入大运河文化带的研究层面，拓宽建筑遗产研究的维度，提高研究的学术价值。

2. 以申遗后续、国家级、省级、市级及县级五层级，对邯郸市大运河沿岸的众多建筑遗产进行具体深入研究，深挖其在文化旅游发展中的多重文化内涵，梳理邯郸优秀的传统文化，彰显邯郸新时期的文化优势，拓展了研究的社会价值与文化价值。

3. 以《关于加强文物保护利用改革的若干意见》为指导，对邯郸大运河文化带建筑遗产在文化旅游产业发展中的利用进行研究，以切实可行的理论支撑与应用策略，为推动产业结构转型、促进旅游产业发展、建设经济强市及美丽邯郸提供文化支撑。

研究最初是对申有顺[1]先生及其团队研究成果《中国大运河文化带（邯郸段）建设研究》[2]部分内容的进一步深化，主要是对邯郸大运河文化带建筑遗产资源进行全面调查与文献整理，由本书作者带领硕士研究生张琦、郭睿坤、吴宇昊、刘琴完成；之后，硕士研究生文涵对邯郸大名的建筑文化遗产进行专项研究，完成了硕士学位论文"大运河大名段建筑文化

---

[1] 申有顺，男，河南省安阳市人，1941 年 6 月出生，中共党员，邯郸历史文化名城专家委员会主任、邯郸市城市科学研究会会长。

[2] 申有顺，杨学军，周跃军，杨国杰，郭培伦，户继光，王艳："中国大运河文化带（邯郸段）建设研究"，邯郸市哲学社会科学规划办公室。

遗产调查研究"；在前期成果基础之上，本书作者对河北邯郸段大运河建筑文化展开系统研究，重点关注河北邯郸段大运河建筑文化的整体性分析与相关文化旅游产业发展的策略提升，最终完成本书。

Chapter 02

第 二 章

资 源 调 查

第一节 名城古址

一、 北宋大名府故城[1]遗址

（一）北宋大名府故城概况

北宋时期的大名府故城，[2]历史上又称"北京大名府"，现隶属于邯郸市大名县（图2-1），该县是古代的魏郡、元城、贵乡、魏州、东京兴唐府、邺都广晋府、北宋大名府、明清大名府所在地。大名府故城位于大名县域的中部，而该县域的中部偏西位置，还有另外一座自明清时期保存至今的明清大名城，[3]这两座城几乎涵盖了整个大名的建制史，是研究我国城市发展史的重要支撑。

大名府故城遗址位于现大名县城东北的 5 公里处大街乡一带，现在的大街村就是故城中心，是京杭运河流域因运河通而城市兴的典型代表。大名府故城保存完好，地面城池轮廓明确，是我国一处极具开发价值的古城

图 2-1 北宋大名府故城位置示意图

（图片来源：http://www.dmzh.net/）

---

[1] 1—20，《第六批全国重点文物保护单位名单》，中华人民共和国国务院。

[2] 下文简称"大名府故城"。

[3] 见下文 2.1.3 明清大名城。

遗址。据相关记载，大名府故城的宫殿区遗址位于大街、双台、御营三个村庄，处于双台村以北的中轴线上，东门口村、铁窗口村、南门口村、北门口村，分别为大名府故城的东城门、西城门、南城门、北城门，整个宫殿区遗址轮廓较为清晰明确。（图2-2）

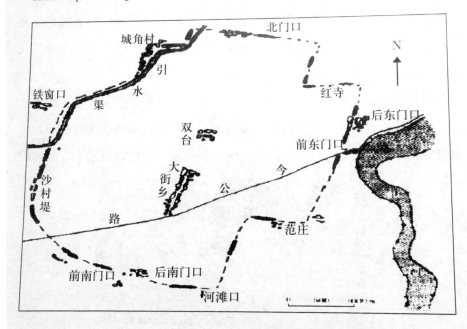

图 2-2 北宋大名府城遗址图

（图片来源：作者自摄于大名博物馆）

（二）大名府故城的历史沿革

汉高祖时期，因大名一带曾是春秋时魏公子元的属地，故建县时称为元城县。十六国时期，前燕于建熙元年（360）将元城县的一个乡设为贵乡县，并开始修筑郡城。不久即废，这里就是大名府城的初始。

南北朝时期，北周大象二年（580）在此建魏州，州县同郭，后改魏州为武阳郡。隋开皇三年（583），隋文帝改州、郡、县三级建制为州、县两级，又改武阳郡为魏州，当时仅辖贵乡、昌乐两个小县，城池规模很小。与此同时，由于大运河的开凿，作为永济渠节点上的城市迅速崛起，可谓应"运"而兴。隋大业八年（612），其管辖范围由原来的两个小县增加为 14 个，大名府城已初具规模。

唐代是永济渠上漕运最兴旺的时期。唐建中三年（782），田悦称魏王，建国都，置百官，并把魏州改为大名府。这是"大名"作为城市名称的开始。从田悦开始直到唐朝灭亡，田、史、何、韩、乐、罗六姓十六任节度使共 150 年整，时叛时附，真正归附唐朝中央的时间很短，大部分时间是藩镇割据，为国中之国。至唐文德元年（888），时称魏州的大名城人口已增至 110 多万人，当时的魏博节度使乐彦桢修筑罗城，并对大名府城进行了大规模的扩建和维修，城周长达 40 公里，城市已初具规模。[1]

五代时期，大名府故城已经成为区域重镇，后唐、后晋、后汉、后周都曾定都于此。后周时期，又在罗城中建皇城。

宋元以后永济渠改称"御河"。水运之盛，带动了大名府的兴盛。宋仁宗庆历二年（1042）五月，辽军进犯南侵，吕夷简提议建"北京"以控制黄河以北的疆土，遂升大名府为陪都"北京"，改修外城，增修宫城，建四殿十四门，规模雄伟壮观，"其势略如都城"，时间长达 400 多年，这就是有名的大名府城。

此后直至明朝建文三年（1401），燕王朱棣决卫河水，造成漳河、卫河同时泛滥，整个大名府城被淹而废弃。[2]

大名府故城从建城起经历了南北朝、隋朝、唐朝、五代、宋朝、金代、元代上千年的历史，形成了丰富灿烂的文化底蕴。2006 年 5 月 25 日，大名府故城作为宋代古遗址，被国务院公布为第六批全国重点文物保护单位。[3]

---

[1] 梁洪, 蔚芝炳：《北京大名府的历史沿革及其价值所在》，《中国名城》，2011年。

[2] 桂志辉：《大名历史编年》（上卷），中国文史出版社，2012 年。

[3] 《国务院关于核定并公布第六批全国重点文物保护单位的通知》，中国政府网，2008 年。

1401 年 9 月，朱棣下令于御河北岸艾家口镇北建一座新城，[1]也就是后来的明清大名城，至今也有 600 多年的历史。由于明清大名城有着独特的地位与特点，故与大名府故城分开介绍。

（三）城市营建的影响要素

"北宋大名府"故城因为受地理位置、大运河的挖掘与发展、历史发展与政治地位等因素的影响而逐步营建与发展为最后的建制。

地理位置：大名府故城遗址位于今河北省邯郸市东南部的大名县。这里地处太行山与古老的沙麓山之间，太行山和沙麓山的相互对峙和扼制，使其成为决定南北征战胜负的战略要地，地势险要，易守难攻。由于其独特的战略位置，齐桓公在沙麓山下修建了历史上著名的"五鹿城"。公元前 646 年，沙麓山崩塌为沙麓墟，将"五鹿城"陷于地下，从此这里成为一片平原。但此地仍为贯通东西的枢纽，也是南北征战的战略要地。故从地理位置上来说大名历来为兵家必争之地。

大运河的挖掘与发展：隋统一中国后，隋炀帝于公元 608 年春，"诏发河北诸郡男女百余万"，在曹魏白沟的基础上，"引沁水南达于河，北通涿郡（今北京市南）"，这就是中国大运河的北段——永济渠。[2]隋永济渠由内黄入临漳，过魏县入大名，又经大名北行数十里逶迤入馆陶，故而大名成为连通南北水路的重要交通枢纽。作为永济渠段重要节点城市的大名，由于运河的兴盛、漕运的发达，带来城市人口的增加、经济的迅速发展，也大大影响了城市规模与建制的发展与变化。（图 2-3）

历史发展与政治地位：大名从春秋时期到唐宋的历史长河中，战争始终影响着政权的更迭与城市地位的变化，从而带来城市的规模、布局和营建的变化。从春秋时期起，大名作为诸侯的封地初建城邑。南北朝时期设州郡，初建大名城，但城市规模较小。唐朝后期藩镇割据，建制大名府，国中之国，城市地位大大提高，几任魏博节度使对城市数次扩建，大名城的城市布局及规模达到历史之最。五代十国，后唐、后晋、后汉、后周都曾定都于此，城市地位再次提升。至北宋时期又将大名提升为陪都，作为

---

[1] 桂志辉：《大名历史编年》（上卷），中国文史出版社，2012 年。

[2] 申有顺：《中国大运河与邯郸》，研究出版社，2010 年。

北宋的北大门，地位仅次于都城，依东京都城式样建之，城市规模雄伟壮观，便是如今的北宋大名府故城。

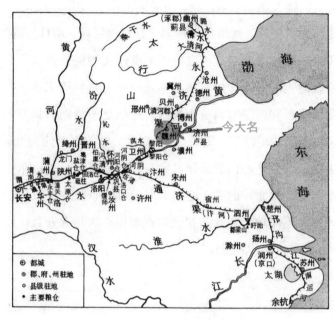

图 2-3 隋唐运河示意图
（图片来源：

（四）大名府故城址保护现状

由于种种历史原因，大名府故城遭到严重破坏，现存的古城墙已所剩无几，城墙上的房屋也屈指可数，护城河、瓮城早已无存。所幸东门口、铁窗口、南门口、北门口四座城门没有受到损毁，城内主要道路也被保留了下来。并且地面城郭轮廓明确，无大型企业、村庄稀疏。尤其是宫殿区地表均为耕地，是我国一处极具开发价值的古城址。

大名府故城遗址范围内，地面以上现存遗址分为城墙遗址与宫殿区遗址。

城墙墙基遗址共三段。第一段在铁窗口村东南，墙高约 7 米，宽约 16 米，长约 140 米。第二段在红寺、管庄之间，分三部分，最长的长约 180 米，高约 7 米，宽为 4～10 米；其余两部分较短，长约 10 米，高约 5 米，宽约 10 米。第三段在南门口至孔庙一带，地表已较为模糊。

宫殿区遗址在大街、御营、双台三村，遗址东西宽 1.5 公里，南北长

约 3 公里，均埋于地表以下 3～5 米处。城郭遗址轮廓较为明显，地表下 1
米左右的坑壁处有内涵丰富的文化层。北宋大名府故城并未挖掘，当地群
众在取土时，频频发现唐、宋、元、明时期的陶瓷残片，曾出土黄釉注壶、
青瓷碗、白釉黑花缶、白釉黑花灯形器、石刻神佛像、旗杆座等附属文物。

　　近几年来，经有关部门批准立项由邯郸市文物保护研究所会同大名县
主管部门联合对大名府遗址的宫城区域进行了考古勘查工作，取得阶段性
成果。现已探明，宫城城垣为夯土板筑，形状呈不规则的长方形，东垣和
西垣略长，南垣和北垣略短，周长约 1920 米。城的方向约为北偏东 13°。
城垣上探出城门或疑是城门的遗址共六处，其中南垣三处，东、西、北垣
各一处。城内发现大面积的夯土建筑台基遗址，有些相连成片，有些自成
单元，说明各种不同功能属性的建筑物在城内是大量存在且广泛分布的。
（图 2-4）（图 2-5）（图 2-6）

图 2-4 北宋大名城遗址现状（1）

（图片来源：作者自摄）

图 2-5 北宋大名城遗址现状（2）

（图片来源：作者自摄）

图 2-6 北宋大名城遗址现状（3）

（ 图片来源：作者自摄）

二、 邺城遗址

（一）邺城遗址概况

"南瞻淇澳""北临漳滏""旁极齐秦，结凑冀道。开胸殷卫，跨蹑燕赵"，悠悠古都凭漳水壮阔，巍巍名城载六朝风骨。邺城，一部凝固的六朝史书，千载基业，融古贯今。邺城作为三国曹魏、十六国后赵、冉魏、前燕，北朝东魏、北齐"六朝古都"，兴于东汉末期曹操开挖白沟之后，终于隋朝前期，400 余年间，一直是北方政治、军事、经济、文化的中心，在历史上具有举足轻重的地位。在城市空间布局上，邺城是曹魏时期到南北朝时期都城建设的典范。它前承秦汉，后启隋唐，这是第一次对整座都城统一规划中轴线的布局，在中国古代的城市规划史上有着重要的意义。

邺城遗址位于今临漳县西南 17.5 公里处的邺镇三台村。由邺北城和邺南城两部分组成，面积约 20 平方公里。1988 年被国务院公布为第三批全国重点文物保护单位。[1]

（二）邺城的历史沿革

邺城始筑于 2600 多年前的春秋齐桓公时期。战国时期，魏文侯曾在此建别都，使其具有了一定的军事地位。至汉高祖六年，将漳河两岸从邯郸郡中划出，增设魏郡，治所设于邺城。东汉献帝初平四年（193），袁绍封邺侯，邺城开始成为一方重要的政治军事中心。

东汉建安年间，曹操建都邺城，一方面大规模实施邺城建设，另一方面大力发展水上漕运。建安十八年（213），曹操开凿"利漕渠"，引漳水入白沟，扩大了邺城漕运的航线及航程，使邺城形成了"平原千里，漕运四通"的水运交通格局，为其成为六朝古都奠定了基础。

公元 335 年，石虎迁都邺城后，在曹魏邺城的基础上，除棋盘式格局得到保存外，其余都大加修饰。

公元 534 年，高欢拥立魏孝静帝迁都邺城。公元 535 年，在邺北城的基础上向南扩展，以南城墙东西为界新建邺南城。公元 550 年高洋建北齐，

---

[1]《国务院关于公布第三批全国重点文物保护单位的通知》，中国政府网，1988 年。

又大肆修建，其奢侈程度大大超过了曹魏时期和后赵时期。[1]

历史上邺城以临漳水而兴，以通白沟及古利漕渠、平虏渠、白马渠、新渠、阿难渠等古运河而盛，作为六朝古都而兴盛 400 余年。隋初，一方面漕运由于永济渠的修凿不再经过邺城，邺城丧失了其作为交通枢纽的优势；另一方面因军事原因被杨坚下令焚毁，千年古都毁于一炬，令人扼腕，后人只能从其遗存的废墟中，窥其风貌一二。

（三）邺城经纬脉络——道路体系

邺城的中轴对称布局，是目前考古学上发现最早的城市空间布局实例，为以后历代都城所沿用。（图 2-7）（图 2-8）

邺城在君主集权思想的影响下，首创城市以宫城为中心的正对城门的布局，城市南北主要道路、东西干道呈"丁"字形交会于宫门的路网构架。皇宫在城市中心俯瞰全城，整个道路体系为中心突出、纵横交错的方格网形式，既突出了至高无上的皇权，使布局更加紧凑，也便利了交通。

邺城的道路等级分明，分为主干道、干道、次干道、支道等层级，在道路规模和所承担的功能上都有明确的特征。

邺城把中国古代一般建筑群的中轴线对称的布局手法扩大应用到整个城市，可以说是我国封建统治阶级的正统道德伦理观念和道路功能的完美结合。

1. 东西中轴线——建春门至金明门大道

建春门至金明门大道即邺城的东西中轴线，将城区分为南、北两部分，是邺北城中的一条连接西门(金明门)和东门(建春门)的大道。轴线以北地势较高，为内城，主要建筑为宫殿、官署和苑囿，宫殿巍峨，庄严对称；轴线以南为外城，是居民、商业、手工业区。轴线体系清晰，城市空间结构合理。

2. 南北中轴线——中阳门大道

中阳门大道位于洪山村西，是邺城遗址中南北向的主干道，南端到邺城南城墙上中门中阳门，北端连接邺北城宫殿区正门端门即中阳门大道与金明门、建春门大道交叉点。根据考古资料显示，目前已探出南北长 730

---

[1] 申有顺：《中国大运河与邯郸》，研究出版社，2010 年。

米，路面宽 17 米。它在洪山村西与建春门至金明门大道相交处。

图 2-7 邺城复原沙盘

（图片来源：作者自摄于邺城遗址博物馆）

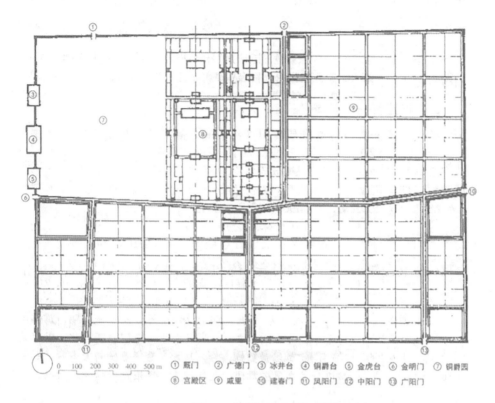

图 2-8 曹魏邺城平面复原图

（图片来源：https://www.sohu.com/a/366676248_713036）

（四）邺城古建筑

1.宫殿建筑

西晋末年，曹魏时期古邺城的主要宫殿建筑毁于战乱。

公元 335 年，历史进入东晋十六国时期，后赵皇帝石虎迁都临漳，重新改名为邺县，按照曹魏时期邺城的城市布局重建邺城，自此邺城进入第二期鼎盛辉煌。石虎在邺城共修筑大型宫殿 9 座，台观 40 余所，其他小型建筑不可胜数。据记载，当时邺城的太武殿台基高二丈八尺，殿基之下设有用于安置卫士的地下宫室。宫殿建筑漆饰屋瓦、金饰瓦当、银饰楹柱，宫殿内珠帘玉璧，极尽奢华。

公元 535 年，东魏在旧城之南扩建新城，史称邺南城，比北城增加了东市和西市，扩大了商业区和居民区，更为奢华。据史书记载：邺南城太极殿是朝会正殿，是举行国家大典的场所。整个大殿殿宇巍峨，外围有 120 根大柱，基高 9 尺，岷石砌筑，台阶极尽装饰。太极殿的装饰也非常精美华贵，门窗饰以金银，用沉香木制成的斗拱做屋顶支撑，屋瓦涂胡桃油，面覆五色朱丝网，以金兽头为椽，在阳光的照耀下光彩耀眼。[1]

2. 苑囿建设——邺城"三台"

邺城的苑囿数量与规模是我国古都中最多最大的，也是造型最精美、环境最优雅的，堪称"历史之最"。其中铜雀台、金凤台、冰井台，是邺城的标志性建筑。

邺城三台（金凤台、铜雀台、冰井台），位于临漳县城西南约 17.5 公里处的三台村西北，为东汉建安十五年至十九年（210—214）曹操所建。金凤台建于建安十八年，原名为金虎台，后赵因讳石虎之名，安金凤于台顶，改名金凤台，此台位于三台南端，高 8 丈；铜雀台建于建安十五年，位于三台中间，高 10 丈，台成后，曹操与众位儿子和文人墨客在此饮宴题诗，其子赋《登台赋》作品传世，所以这里又被称为"建安文学"的发祥地；冰井台建于建安十九年，台高 8 丈，位于三台北端，冰井台有三个冰井，储备着大量的冰块、粮食、食盐、煤炭等物品。"三台"由曹魏所建，后赵石虎时期又进行了扩建和装修。现仅存金凤台遗址一处。

（1）金凤台

原名金虎台，位于香菜营乡三台村西，大致呈长方体形状，南北长 122 米，东西宽 70 米，高约 11 米，占地面积约 7800 平方米。金虎台西侧夯土高高耸立，可见夯土层结构，夯土层厚 9～11 厘米，位于三台的最南端，东汉建安十八年曹操所建，是曹操与贵宾宴饮赋诗、歌舞欢乐的场所，也是重要的战略要地。金凤台遗址是古代台榭建筑遗址，它为我们研究古代台榭建筑提供了很好的实物资料。

据史书记载，金凤台高 8 丈，上有屋 135 间。三台相距各六十步。上有浮桥式阁道相连接。经考古勘探得知，地表之下夯土深达 7～8 米，地表暴露的遗物有绳纹砖、黑釉板瓦、云纹瓦当等残件。现存的金凤台夯土遗址比较完整，也是三台中仅存的遗址。（图 2-9）

---

[1] 黄浩：《临漳县志》，临漳县地方编纂委员会编，中华书局，1999 年。

现场测绘得金凤台南北长 122 米，东西宽 70 米，高 12 米。清顺治八年（1651），在金凤台南侧修建文昌阁，阁前镶有"金凤台"匾额一方。在文昌阁后面现修建了碑廊 7 间，亭内保存了许多名人的题咏碑碣，其中最有价值的是元代"邺镇金凤台洞清观首创之碑"，碑额雕六条盘龙，古朴雅致。从碑廊北侧沿石阶而上，可到金凤台。在石阶西侧下面是曹操的藏兵洞，当年军队可从此到达今天磁县的讲武城。

图 2-9 金凤台遗址

（图片来源：作者自摄）

（2）铜雀台

在三台中央的是铜雀台，为三台之中的主台，建安十五年（210）曹操所建。铜雀台的历史地位很高，历朝历代都有文人墨客题咏颂之。《三国演义》中诸葛亮"三气周瑜"便是将曹植《铜雀台赋》中的"连二桥于东西兮，若长空之虾蝶"改成"揽二乔于东南兮，乐朝夕之与共"。

铜雀台上，"三曹"和"建安七子"等文人墨客进行丰富的创作活动，曹植挥就于此的《登台赋》，至今传为佳话；铜雀台上，曹操与姬妾们尽情歌舞升平，仿佛天上人间；铜雀台上，曹操平定了严才叛乱，使这里成为战略要地；铜雀台上，曹操会见了从匈奴归来的著名诗人蔡文姬，欣赏

《胡笳十八拍》。由此可知，铜雀台承载了许多历史佳话。

据有关资料记载，铜雀台高十余丈，有屋百余间。后赵石虎二建邺城时，在铜雀台基础上又增高二丈，上建五层楼，高 15 丈，楼基占地 27 平方丈。其楼高若山，楼上窗户都用铜笼罩装饰，日出之时，流光照耀，光芒四射，留下了"铜雀飞云"的美称。

明代中期该台还在，明末被漳水冲没，如今只剩下一抔不足 10 米高的夯土堆。

（3）冰井台

冰井台是三台中最北面的一座，建安十九年（214）曹操所建。冰井台上修建了许多藏冰的深井，井深约 15 丈，井中储藏着大量的冰块、煤炭、粮食、食盐等物资作为战略储备。后赵时期的石虎，在炎夏盛暑之时，曾拿出冰块分给他的重臣和姬妾享用。

据记载冰井台高 8 丈，有房屋 140 间，北周时期台上建筑全部被烧毁。明末时漳河水泛滥，地上遗迹皆被冲毁，踪迹全无。[1]

邺城苑囿建筑除了"三台"外还有十处之多，其中铜雀苑和仙都苑规模最大。仙都苑是后赵石虎在曹魏芳林苑基础上扩建的，由于院内以土堆山造景，共有大小不一五座山峰，命名为五岳。在土山之上，修建造型奇特、富丽堂皇的建筑物。五岳之间，利用湖水分流其间，共四条水流命名为四海，每海长约 25 里。四海之内驶有多艘龙舟，在两艘大船之上架有一座水殿，水殿宽约二丈九尺，布置着四十四间外廊，水殿内装饰豪华，光彩夺目。

（五）邺城遗址保护研究现状

作为当时政治、经济、军事、文化中心的邺城，现全部被埋于地下。1983 年中国社会科学院考古研究所和河北省文物研究所联合组成"邺城考古工作队"开始对此进行考察，现已探明邺北城东西长 2400 米，南北宽1700 米，略小于史书上所载的"东西七里，南北五里"。考古队还对邺北城的城墙、城门、道路、建筑基址分别进行了勘探，取得了重要成果。探明了东、南、北三面城墙，确定了中阳门、凤阳门、广阳门、迎春门、广

---

[1] 黄永年：《邺城和三台》，《中国历史和地理论丛》，2015 年。

德门等门址的位置；探明了迎春门、金明门之间的东西大道，中阳门、凤阳门、广阳门三条南北大道和广德门的南北大道。在东北大道中央部位的宫殿区已探明 10 座建筑基址；在西部铜爵苑的位置探明了 4 座建筑，对邺北城的平面布局有了基本了解。

在邺南城，通过钻探，确定了东、南、西三面城墙，发现北墙沿用了邺北城的南墙，与文献记载相吻合。经实测南北最长处为 3460 米，东西最宽处为 2800 米。据文献记载邺南城共有城门 11 座，现除东墙偏北的 3 座城门外，其他城门均已确定。在道路上，已钻探到主要道路 6 条，其中南北、东西各 3 条，道路土面距地表 0.8～1 米，在邺南城中央偏北发现了宫城基址，东西 620 米，南北 970 米，宫城内及附近钻探出 15 处建筑基址，初步探明了邺南城的整体规划和平面布局。

同时，在邺北城的南城墙下，发掘出一处青砖结构、部分砖构券顶的城门遗址和门砧石、门槛砖、排水暗沟等设施，是我国目前发现最早、唯一保存完好的券顶式城门。

目前，对邺城遗址的考古挖掘工作还在进行中。

三、　明清大名城

（一）明清大名城的历史概况

明清大名城是在明建文三年（1401）大名府城因漳、卫二河泛滥淹没后，在艾家口镇北建立的一座新城，俗称明清大名县城，至今已有 600 多年的历史。现在是大名县政府所在地。（图 2-10）

20 世纪初，由于城市的破败，人们因生存需要进行了一些自发的建设活动，明清大名古城受到一定程度的损毁。抗日战争时期，古城城墙、房屋也因枪战遭到一定程度的破坏。"文革"时期及以后又拆除和改建了许多传统建筑，护城河的部分填平、城墙上的住宅改建、民居的现代化更新等，使得古城的韵味开始消散。

近几年，大名县制定了保护和复兴规划，不久的将来，一座修旧如旧的明清大名县城将展示在人们面前。

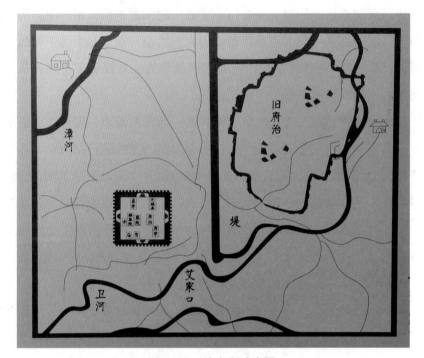

图 2-10 明清大名城略图

（图片来源：作者自摄于大名博物馆）

（二）明清大名城空间布局

明清时期大名城内商贾云集，百业兴旺。以连接东西南北四座城门的四条主干道为轴线，六十条街巷为网络状呈开放式平面布局。（图 2-11）沿街商铺林立，作坊遍布。据《大名县志》记载，当时有名的商号和作坊达 226 家，有百货行、中西药行、洋货庄、估衣店、杂货店、文具店、书店等，有粮行、盐行、茶庄、酱菜园、特色食品店，有饭庄、澡堂、照相馆，还有木器店、首饰及金属加工店、鞋店、羊绒加工店等。

嘉靖四十四年（1565），知府姚如循申请国库银两，开始对城墙以石为基，进行青砖包砌。后又经过几任知府增补、修缮与加固。

大名城城墙周长 4232.9 米、高 3 米、底宽 8.33 米、上宽 3.12 米，形制宏伟、体系完整、结构严谨、庄厚敦实。它由城垣（墙体）、雉堞（垛口）、宇墙（女儿墙）、角楼、炮台、水溜、云梯（跑道）、马道、城门、瓮城及石桥、护城河（城壕）等组成。城墙顶上外围的垛口高六尺，垛口与垛口之间由三尺高的女儿墙连接，垛墙之中留一方孔，作为瞭望、射击之用。城墙顶上内侧筑有三尺高的宇墙，以防守城官兵不慎跌下。城墙四角分别建有四座角楼和 36 座炮台，以备战时守卫。城墙上水溜共 48 道，用以排水。城墙四周的四座城门上均建有两层门楼，除城门上的正楼，城外还有箭楼和闸楼，正楼与箭楼之间为瓮城。在冷兵器时代，攻城之敌要想进入城内，必先攻下闸楼，才能进入瓮城。当敌人进入瓮城后，就会受到来自箭楼和城墙上守城将士居高临下的四面夹击。而在四座城门之内的右侧，又各修有一条直通城墙之上的跑道，各跑道之间又有马道相连。这样一旦有战事发生或者洪水淹城，便于调集人马进行防御。城墙之外有护城河，河宽 9 丈、深 4.5 丈，与运河和支漳河相通。河上有四座石桥，以连接城内城外交通。因此，在当地流传有"大名好城墙，南乐好牌坊"的说法。

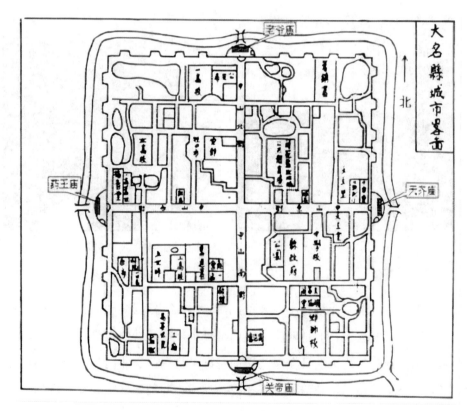

图 2-11　明清大名城布局

（图片来源：http://blog.sina.cn）

　　明清时期的大名城共有"仁、义、礼、智"四座城门。分别为体仁门（东门）、乐义门（西门）、崇礼门（南门）、端智门（北门）。四座城门处分别有四座瓮城，东西城门的瓮城闸门朝南取名"朝阳"，南北城门的瓮城闸门朝东取名"迎喜"，非常贴切、有内涵。东瓮城内建有天齐庙，西瓮城内建有药王庙，南瓮城内建有关帝庙，北瓮城内建有玄武庙。

　　（三）明清大名城的保护现状

　　该城初建时城垣为土墙，周长9里、高3.5丈、宽2.5丈，十字大街，城中心与四座城门成等距，为正方形。嘉靖四十四年，以青石为基石对其进行了包砌。以后，又经过几次维修，其形制宏伟、体系完整、结构严谨、庄厚敦实，素有"大名好城墙"之美誉。（图2-12）

图2-12 明清大名城古城墙
（图片来源：作者自摄）

　　现存古城墙东西只有1.1公里，南北1.2公里，部分城墙上建有房屋，护城河、瓮城已无，但是四座城门门楼保护较好，城内道路骨架完整，脉络清晰。近几年，馆陶县在原门楼的基础上将东门、北门和部分城墙进行了恢复修缮，现已全部修好，正在挖护城河，并制定保护和复兴规划，不久的将来一座修旧如旧的明清大名县城将展示在人们面前。（图2-13）

图 2-13　明清大名城遗址现状

（图片来源：作者自摄）

四、千年古县——馆陶[1]

（一）馆陶县概况

馆陶是千年古县，"赵王在城（今冠县东古城）西北七里陶丘侧置馆，故名馆陶"，自西汉初置县，已有 2200 多年的历史。

馆陶自古有黄河流经，区位重要，交通便利，与邺城一样，几乎同时

---

[1] 任润刚：《馆陶县志》，河北省馆陶县地方志编纂委员会，中华书局，1999 年。

因白沟漕运的繁荣而崛起。

（二）历史沿革

馆陶之名源于一个古老的地名，即陶丘。西汉初，始置馆陶县，曾经长期作为文帝女儿、景帝姐姐、武帝姑母兼岳母的馆陶公主刘嫖的封地。

汉献帝建安十八年（213），曹操在魏郡设置东、西部都尉，东部都尉治馆陶，西部都尉治曲梁，魏郡、东部都尉、西部都尉合称"三魏"，并将魏郡、阳平、广平三郡划入京畿。221年，曹魏以东、西部都尉为基础，在东部馆陶设置阳平郡，在西部曲梁设置广平郡。阳平郡所辖的8县分别是馆陶、清渊、乐平、发干、临清、武城、襄邑、武定。

北周大象二年（580），阳平郡在馆陶置毛州，馆陶同时为郡、州、县三级行政治所，馆陶县属阳平郡、毛州。

馆陶是一座古老的城市。自西汉置县，经曹魏设阳平郡，毛州治所，随着魏郡治所的东移，馆陶于唐初结束了长达400年区域中心城市的历史。

（三）馆陶城建筑——"龟背城"

关于馆陶城建筑情况，古籍记载较少。汉代馆陶县的治所，在今冠县东古城镇，南北长2里、东西宽1里，是个长方形的城郭轮廓，周长6里，城内有井72眼。金代，馆陶城迁至今北馆陶镇，据《馆陶县志》记载，其呈四方龟背形。明成化三年（1467）春三月，重筑县城，城周围五里，城高二丈五尺，厚二丈，城外有池即护城沟，深三丈，宽三丈，建有四门，东门叫"丰乐门"，南门叫"明远门"，北门叫"通都门"，西门因临大运河故称"临津门"。以南北大街为中轴线将城分为东西两半，三条东西干道皆止于南北大街，共形成三个丁字街口。

（四）馆陶县中的古城

1.萧城遗址

萧城遗址位于北馆陶镇东南2.5公里处，又称为萧城、驻马城、歇马城、盔安城，是宋代遗址。现隶属于山东省聊城市冠县。

据记载，宋景德元年（1004），辽国萧太后摄政，挥兵南指，牧马中原，为了和兵临澶渊的宋军对峙，在故道边命辽兵用自己的头盔盛土夯制城墙，一个晚上便夯筑成城堡一座用来屯兵，故民间又将此城称为"盔安城"。城内挖出 72 眼"饮马井",筑起东西两座点将台。但在交战中,辽军先锋大将,萧太后之弟萧挞被宋军用"床子弩"射死,锐气大挫。萧太后见取胜无望,便和宋订立了历史上著名的"澶渊之盟"。

城堡遗址尚存。城墙系土筑,上宽 8 米、下宽 16 米,最高点达 13 米,城四角及城门附近有箭楼遗迹,城门系扭头式。城内有两处点将台,其中一处尚存,东西 16.5 米,南北 15 米,高 4.8 米。城堡连绵起伏,当迷雾茫茫时,城楼及城墙影影绰绰似连绵的山峰,颇为壮观。古"馆陶八景"中的"萧城晓烟"便是对此景的写照。

萧城古遗址是由中国社会科学院考古研究所于 1996 年进行勘探发掘的,在古城遗址中发掘出点将台、箭楼、城门楼、磨盘洞、烽火台、"饮马井"及"万人坑"等多处古城遗迹,这些遗迹默默见证了千年前著名的"澶渊之盟"。

2013 年 5 月,国务院核定公布了第七批全国重点文物保护单位,萧城遗址跻身其中。

2.因运河而得——永济古城

永济城系古永济县治所,因临永济渠而得名,在今馆陶县陈路桥村一带。唐大历七年(772)正月,唐室在贝州临清县的南部析置永济县(以西临永济渠而得名),治所在张桥店(现馆陶县路桥乡陈路桥村西南一带)。宋熙宁五年(1072)以后,开始以永济为镇逐步并入馆陶县。

《宋史·地理志》载:"馆陶,熙宁五年省永济县为镇,入焉。寻复旧。"

3.平恩城

今馆陶县路桥乡平保村与其西邻兴平堡村(包括卢兴平、靳兴平、方兴平三个行政村),虽然长期分处馆陶、邱县两县,但实际上原是一个大镇、大村。它们位于馆陶与邱县两县交界处,是春秋战国时期的早期曲梁城和西汉时期从"馆陶公主"封地中分出的平恩侯国、平恩县(今邱县)的治所。

古本《馆陶县志》所载:"平台,汉旧城名,或曰'鲁败赤狄于曲梁'即此。"文渊阁《四库全书》中《山东通志》卷九"古籍"部分的内容:

"馆陶平恩城，在（馆陶）县境。"《地理风俗记》载：（平恩）县，故馆陶之别乡也。汉置县，属魏郡，宣帝封许广（汉）为平恩侯。由此可知，平堡村即汉代从馆陶析置的平恩县早期县城。古白沟、永济渠曾长期在其东南流经。不过也只能从古籍的考证中得之。

4.清渊县故城

清渊县故城遗址在馆陶县路桥乡清阳城村北，面积约 4 万平方米。因临古清水（白沟、永济渠、御河）而得名。古清渊县自西汉初置县，至唐贞观年间废，存在了 800 余年。《馆陶县志》载：光武败周司马；《邯郸历史大事编年》载：晋将苟晞大破汲桑军，均发生于此地。也是只有文献中有载。

（五）馆陶城崛起与运河

馆陶崛起成为 400 年区域中心城市，与白沟的开凿通航、繁荣的水上交通有直接的联系。[1]

白沟开凿之前，馆陶只是黄河岸边的一个城市。白沟开凿通航之后，漳水在馆陶县境内通过利漕渠的利漕口通入白沟，经白沟连通了黄、淇、洹、漳四水，加强了四水之间的联系。馆陶作为运河城市逐步繁荣起来。

隋代开凿永济渠后，随着魏郡治所的东移，馆陶虽然逐渐失去了区域中心的地位，但作为永济渠这条水上大动脉的节点城市，航运得到了长足的发展。据《元和郡县图志》"永济县"条载，当时永济渠在今陈路桥村一带，宽 170 尺，深 24 尺，十分方便航运。

隋唐时期，在今馆陶县境内史载有古桥 2 座即馆陶桥和永济桥，重要渡口有 4 个：馆陶渡、永济渡、浅口渡、利漕口，为兵家必争之地。

宋元以后，馆陶漕运仍然繁忙。为了确保漕运，经常发生以漳水、洹水等补御河的事情。据《馆陶县志》第十二章"水利、电力"中"漳河"条载："元大德四年（1300 年），为解决自金代黄河夺淮以后卫河水量不足，由临漳县境内分引漳河一支，经成安、广平至馆陶县孙庄南入卫河，以利漕运。"当时，元朝在馆陶设有大型粮仓，传说今漳河与卫河汇合处徐万仓村的村名就来源于此。当时，各地的税粮通过陆路和水路源源运至

[1] 申有顺：《邯郸大运河与邯郸》，研究出版社，2010 年。

馆陶，然后再运至京城和其他地方。馆陶水运大振，成为重要的官粮及其他物资集散转运中心。

明清以来，元代大运河裁弯取直，不再从馆陶经过，但馆陶一带的御河作为元代大运河的一个支流，漕运仍十分繁荣。1423 年，朝廷在今馆陶镇设陶山水驿。此后，还先后在馆陶设水马站、递运所，负责水运事务。明清馆陶县从南向北，在卫河沿岸共置南馆陶、黄花台、滩上等 12 个铺舍，河驿 2 名，捞线停役夫 25 名，线铺停役夫 24 名，风役线铺夫 72 名，年支 1375 两。关于馆陶航运兴旺与演变的情况，从杨遵义所著的《万庄与临西》一书中有关馆陶县尖冢码头的描写中也可窥见一二。

五、运河岸边的"龟驮城"——魏县城

（一）历史概况

"魏县"之名历史悠久。据《魏县志》载："汉高祖十二年（公元前195 年）置魏县"，此为"魏县"县名之始，距今已有 2200 多年，且世代传承，沿用至今。魏县县名来源于战国时的魏国国名，时魏域位于黄河之东、济水之西，地势险要，晋齐咽喉，燕、赵、吴、楚孔道，是易守难攻的天然屏障，魏武侯遂建陪都于魏域。[1]据《魏县志》载："武侯建礼贤台（又名魏台）招贤纳士，建会盟台广交诸国，公元前 335 年，苏秦主持的六国抗秦会盟地址就在魏域古洹水镇，时魏域投尺书号令天下，天下诸侯莫不知魏名。"故《史记·魏世家》载："魏君贤人是礼，国人称仁，上下和合，未可图也。"魏国成为战国时的强国之一。为纪念这段繁荣昌盛的历史，汉初以魏国国名命名魏县。据查全国以国名置县仅此一家。

（二）因水就势"龟驮城"

魏县县城卫河、漳河横贯中部，因水就势，独具特色。据现存的明清魏县城池图看，它的形态既不是在我国古代礼制城市规划影响下的正方形或近似正方形，也不是依河而建的不规整的矩形，而是一个龟形，当地称为"龟驮城"。龟在民俗中为吉祥之物，龟不怕水，又寄托着人们抗拒洪水肆虐的希望。

---

[1] 王学贵：《魏县志》，河北省魏县志编纂委员会，方志出版社，2003 年。

史载该城始建于明洪武三年（1370），时任县丞的蒋德宏为防洪水浸城，围城筑建土堤三里，以为城廓。正统十四年（1449）挖沟以土筑城墙，设四门，城周围五里有余。城墙高两丈一（合今 6.93 米），宽两丈四（合今 7.92 米）；城沟为护城河，深一丈五（合今 4.95 米），导以排洪。到弘治四年（1491），建门楼四座，又在城外筑环城土堤一道，城形如龟。正德六年（1511）又把环城土堤改为外城，又筑水堤一道，以御水患。至此，县内外形成两道城墙，其间为环水大道，非常坚固。至今，民间还流传有"北京到南京，魏县两道城。每逢发洪水，水涨城墙升"的民谣。乾隆二十二年（1757）毁于水灾。

（三）史书中记载的古城

1. 古洹水

古县名，北周建德六年（577）置，因地处古洹水旁而得名。[1]宋熙宁六年（1073）初废洹水县归成安县[2]，八月魏县大水，魏县城因水患毁圮，魏治遂迁入洹水镇（今旧魏县村）一并列入魏县。

2. 古繁水

古县名。据《河北通志稿·南乐县沿革表》记载，隋开皇元年（581），昌乐县改属魏郡。大业元年（605），废昌乐县入繁水县。清雍正《魏县志》也有"贞观十八年（644）废繁水县入昌乐"的记载。古繁水县在今魏县边马北。

3. 古漳阴

古县名。据《河北通志稿·大名县沿革表》记载，隋开皇十六年（596年）在魏域析置漳阴县。大业元年（605）废漳阴县并入魏县，唐高祖武德四年（621）复置漳阴县。唐太宗贞观元年（627）废漳阴县并入魏县。该县县治在今魏县今院堡一带。

（四）保护现状

古魏县城内有各种庙宇 18 处，衙门 5 处，牌坊 8 处，古桥梁 5 处，古塔 1 处。清乾隆二十二年（1757），因暴雨肆虐，城内排水不畅，洪水

[1]（唐）李吉甫：《元和郡县图志》，中华书局，1983 年。

[2]（宋）欧阳忞：《舆地广记》，四川大学出版社，2003 年。

从排水隧洞倒流入城，县城被洪水淹没，城垣塌毁，房舍倾塌，遂成废墟。同治七年（1868），因土匪扰乱，四关绅民公议，补修残损城垣，县尉协力催修，一年之后竣工。新城高两丈有余，筑土垣，建四门及坛庙、仓库、学堂、牌坊等，后因历代水患，大部分建筑被埋于地下或毁于洪水。至今尚有部分残存的城墙遗址和几座平埋地下的古牌坊。

第二节　名镇古村落

一、魏县边马古邑

边马位于魏县东南端，南与南乐县界相连，东与大名县接壤，是魏县第一古邑。据1966年到1969年间边马东1公里处仓颉陵古文化遗址发掘考证：在距今7000年前的新石器时代，就有先民繁衍生息，属仰韶文化。另据《元和郡县志·魏州》载：黄帝在魏县一带为子昌意置封地，在边马村筑昌意城。据《南乐县志·建置沿革》载：边马一带曾长期为河南南乐县前身的乐昌、昌乐郡、昌州治所。北宋绍圣二年（1095），边马一带因大河所隔，管理不便，由南乐县划入大名县，此地曾为兵马屯驻的边境城堡，遂命名"边马"。民国三十四年（1945），边马一带正式从大名县转属魏县管辖至今。

边马地处中原腹地，历史上为河朔重镇，有"屹屹魏土，山河之固"之说。其地东恃大河之险，西倚洹卫之障，北负浊漳之津，南扼繁水要津，形强势固，易守难攻，自古以来为兵家必争之地。

边马历史悠久，人杰地灵，清《南乐县志》载："人文萃焉，贤哲递兴，代不乏人。"著名的历史人物有：造字之仓颉，唐朝张公瑾、张文瓘、张大素、张大安、张遂，北宋潘美。

边马一带文物古迹众多，村北有张公瑾墓，村东有仓颉陵，村西有潘埠，村南有葛贵妃坟。

二、魏县回隆镇

回隆，位于今魏县西南，历史上称"大徐村"，隋代以后因临御河，故名为"御河镇"。大名、安阳、临漳、内黄、魏县等志书上均有记载。

《嘉庆安阳县志》曰："回隆镇，南临御河……御以巡幸，赐名御河镇。"御河的修通使回隆成为一个水路要道。

传说宋真宗抗辽御驾亲征，到此地后班师回京。当地官员为了纪念此事，改名为"回龙"，后演变为"回隆"。清光绪《临漳县志》就有"真宗回銮之处，故名'回龙'，后易名回隆"。至今，在这里依旧流传着"御驾抗辽"和"泥马渡康王"的传说。

三、魏县双井镇

魏县双井镇位于现今的魏县城城南15公里处。东汉时期，此镇因有泉水冰凉而得名"寒泉镇"。后"寒泉镇"内并排挖了两口竖井，竖井均与泉水相通，但奇妙的是两口井水虽然相通味道却一苦一甜，遂将镇名改为双井镇。也因此奇而有"双井通泉"之称，并被列为魏县古八景之一。两口古井曾经位于古卫河的北岸，随着河道的迁徙，古井早已干枯于卫河故道之中，遗址位于双井镇西南处的古镇南门处。清雍正本《魏县志》记载："镇之南门二井乃明嘉靖间乡人补凿。"

自隋唐以来，双井镇就是连接南北交通的要地，是古运河魏县段的重要渡口和码头。唐朝开元年间，魏州刺史卢晖在御河两岸修建大量仓储用房以储存江淮运来的货物，同时疏通了御河河道，可将货物运销至各个郡县，一时间双井镇车马船只往来穿梭，商贾云集。双井镇也成为古运河魏县段一个重要的货物运输集散地。据明《正德大名府志》记载："双井镇枕卫河西岸，通舟楫之利。"

双井镇除了是漕运重地，在历史上还担任着驻军防卫的重任。明嘉靖年间，朝廷为了防卫一方，命魏县知县冯惟讷修筑"双井堡"。据民国本《大名县志·建置志》载："双井堡垣高丈有八尺，下厚如之，上厚几尺，广袤五百六十三丈。辟前、后、左、右为门，因门为楼，乘墉为堞，除道于垣门之内外，以便巡徼。道外为池，池外为防，复籍乡勇千有四百，以为捍御，屹然为漳南巨镇。"清朝中期，由于河水泛滥，双井堡被毁，现仅有遗址尚存。

四、大名艾家口镇

艾家口是大名县历史上一处著名的商贸古镇，它因卫河漕运而兴盛，又因卫河改道而衰落，是典型的卫河市镇。[1]

艾家口古镇始于晚唐艾姓人家的摆渡口，至金朝发展成为大运河上的经济重镇。明永乐年间，随着营建北京运输物资和漕运经行卫河，地处水路码头的艾家口镇走向鼎盛。明嘉靖年间，卫河改道，艾家口地位渐衰。顺治、康熙年间，直隶山东河南三省总督驻大名府，直鲁豫三省政治军事中心，庞大的军政人员消费，直接拉动了大名府经济的发展，使艾家口镇出现回光返照的繁荣，三省总督裁撤后，艾家口镇迅速衰落，经济萧条。之后，依托城厢的优势，大名府城的南关崛起，取代了艾家口地位，艾家口镇分为数个村庄。今天，在大名县的行政区划上，早已没有了艾家口这个称谓。

古韵悠长的卫河，千年的文化积淀，在这里留下了众多的文物古迹。作为卫河上的古镇，艾家口古镇街巷肌理完整，设置的河伯所、水驿、递运所，南北座码头遗址，河神庙、黑龙潭庙等祭祀文化，彰显大运河对古镇布局的影响。此外，艾家口镇还有金佛寺、火神庙、三官庙、忠孝祠、白天祖庙、社学、文昌宫、肃节馆等遗址，艾家口中心大街上有三座大型牌坊：紫诰重光、青史传节和节孝坊。艾家口镇北部还有一座"六合寨"。今天，在卫河岸边，六合寨寨墙依稀可见。

艾家口在历史上的知名人物有北宋名臣刘安世、明代陕西按察使张应凤家族。

五、大名金滩镇

（一）古镇概况

金滩镇是中国著名的古镇之一，是河北省历史文化名镇，位于今河北省邯郸市大名县城东北 16 公里。

随着隋朝大运河的开凿，一个小村庄因运河漕运而在河滩上聚集渡口而形成古镇，故得名"小滩镇"。清同治年间，毛永熙改名为"金滩镇"，

[1] 陈奇龄：《大名县志》，大名县县志编撰委员会，新华出版社，1994 年。

是典型的因运河而生的水乡古镇。

金滩镇西临卫河，是中国漕运主要线路上的交通枢纽之一。交通的便利带来贸易的繁荣，在历史上长期为卫河岸边的经济重镇。2017 年 3 月，金滩镇被评为第四批河北省级历史文化名镇。

（二）建筑遗产

建筑遗产是历史文化的载体，金滩镇因运河而兴，大运河兴盛了金滩镇的经济，商贸的发达带来了多元的古镇文化，也给今天的金滩镇留下了多样的建筑遗产。（图 2-14）

金滩镇的布局有着明确的功能分区，当地有着"南文北商中衙署，运岸通明不夜城"的说法。镇域的南部以文化设施为主，是古镇的文化区域，北部主要为商业区域，南北由青龙街、黉门街、二宝街三道南北主街相连，呈川字形分布。在古镇南部有阳平书院、芙蓉书院等教育文化建筑，也有道观文昌宫这样的宗教类建筑供奉文昌帝君，供众多文人士大夫拜谒。而在北部的商业区域，店铺林立、贸易繁荣。有着青龙街古色古香的明清店铺、美名远扬的"瑞仁堂"张家老药铺，著名的山陕会馆是最有代表性的因运河漕运而建的建筑遗产。经过历史的洗礼，今天的古镇依然有着清晰的边界，整体空间格局并未发生太大改变。

金滩镇的建筑风格呈现明显的明清及民国风格。当地还保留着许多明清建筑风格的民居，这些民居保存完整、特征明显。当地的商业建筑则精致典丽，有着明显的清代和民国时期特色。金滩镇青龙街的清真寺是有代表性的建筑遗产。庙宇、街房、清真寺、会馆、民居建筑等在历史的变迁中保存得相对完整，古镇当年的兴盛繁荣依然可见一斑。

除了建筑文化，多样的意识形态还给金滩镇留下了多样的文化遗产。例如为了祭祖、祈福，对建筑命名及归纳时采用颇有吉祥寓意的数字。对应三才之道的"三街六路九衙门""六门十八古"，对应天罡、地煞、九曜、二十八星宿的"七十二个胡同（过道、巷子、拐儿），三十六座庙宇，二十八个大坑（池塘）"等说法。其中，"十八古"是指十八种类型的古代建筑遗产，如古河道、古码头、古窑、古会馆、古战场……充分表现了金滩镇文化遗产的多样性。

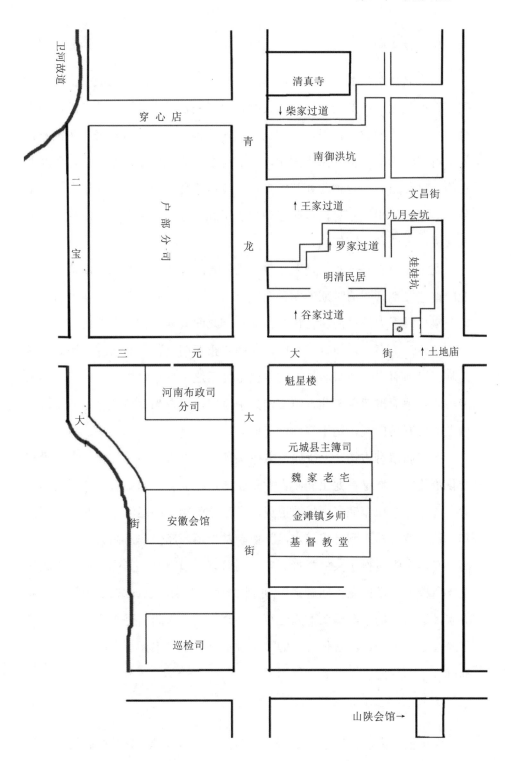

图 2-14 金滩镇古迹分布示意图

（图片来源：作者自绘）

六、大名龙王庙镇

在大名县东南 9 公里的卫河东岸，有一个叫作龙王庙的镇子。这里在明朝以前是大运河的一个渡口，仅有几户船夫定居于此，有一年泛滥的水带来一尊木质的龙王神像，人们认为这是天神的暗示，遂尊龙王为河神，为祈祷卫河沿岸不再受洪水困扰，在卫河东岸修建庙宇供奉神像，取名龙王庙。过往船只，走到此处都停舟登岸停留祭拜。由于水运的繁荣，前来拜祭的老百姓川流不息，有些逐渐定居于此，因人流聚集而形成村落，并发展成后来的龙王庙镇。

龙王庙镇交通便利，是冀、鲁、豫三省水陆码头，是四方商贾投资置业的首选之地。明清时期的龙王庙镇临河而立，规划严整、寨墙高筑，堪比一座规模不大的城池。古镇方位端正，北面有西北门、东北门，南面有东南门、西南门，东面有正东门，西面有正西门，都各有名称，例如正西门临卫运河而立，故得名临卫门。也是处于这个地理位置，正西门因洪水冲毁西寨墙而被毁。自此古镇寨墙只余五门。现在当地还遗存有一块西寨门上的青石质门匾，制于清同治年间。

龙王庙镇有古街、龙王庙、老码头遗址、老汽车站等文化节点，最有文化价值的自然是古龙王庙。古龙王庙的遗址尚存，庙中供奉的释迦牟尼大石佛也基本保存完好。根据记载，当时龙王庙旁的运河大桥两侧房屋密集，站在桥上看不到运河河水，就像寻常街道。庙门非常高大，上方一人高处有两个铜质狮子头的雕饰。庙门侧壁有三道石碑，其中一块是明成化七年所撰的"重修龙王庙碑记"，也被保存了下来，它详细记录了龙王庙寺院及运河上的水旱码头的六七百年兴衰史，跨入庙门进入庙宇也就相当于跨过了三碑。这就是传说中的"走桥不见桥""铜狮一人高""一步三通碑"，总称为"龙王庙三景"。

七、大名营镇回族乡

该镇位于大名县城东北 25 公里处的卫河两岸，原名宗固村。据村碑文记载，唐朝一司马名叫宗德元，其夫人郭氏死于此地，因此称宗固村。此地处于卫河岸边，商船常停靠于此，逐步形成了一个大市镇。到清末民初，这里已发展成粮食交易大码头。东岸有三家大粮店和多处粮食市场，西岸有马家粮店，均仓满囤尖。由于粮场大、屯粮多，船到一天即可装满启运，所以粮商云集，粮船穿梭，即使河道封冻季节也有百余只粮船停泊。

《元城志》记载了发生在这里的"潞王舟过"奇事。潞王是指明神宗万历皇帝朱翊钧的唯一母弟朱翊镠，四岁就被封为潞王，权倾一时，被当时朝臣称为"诸藩之首"。万历十七年（1589），从北京乘船顺大运河南下，去其藩地卫辉府。途经此处，征发夫役，营建行宫于元城善乐营（今大名县营镇村）。等到潞王的船队将要到来时候，"卫河水浅，舟子苦，有司仪征夫浚凿"，但一时难以完工。正在一筹莫展之际，"忽一日，雨声如雷，从西北来，须臾水满，潞王舟得过焉，无何水仍涸"。

八、大名束馆镇

今大名束馆镇原名安贤镇，有着数千年的历史。春秋战国时期，燕国被齐国击败后，燕昭王出重金招贤，并把他的女儿许配给成安君孙操，命他镇守南疆，名其为安贤镇。燕昭王二十八年（前284），燕国殷富，一举击败齐国。后此镇做了燕国的都城。西晋时期，著名文学家束皙在此设馆教书，死后葬于此，建有束公祠，后改安贤镇为束馆镇。[1]

九、馆陶古浅口

馆陶县古浅口是一座有着千年历史的古邑，东距古运河仅数里，其历史可追溯到唐代。2008年，浅口村曾发掘一宋代刻石碑《观澜亭记》碑，记载的就是宋代御河渡口的事情。[2]

唐朝后期，义成节度使李听曾兵败馆陶城，逃至浅口。唐穆宗长庆二年（822）正月，魏博大将史宪诚为节度使。史宪诚表面上奉朝廷命令，暗地里却与王庭凑勾连，河北三镇复又割据一方，直至唐朝灭亡。文宗太和三年（829）正月，亓志绍欲杀史宪诚取而代之，却兵败自缢而死。同

---

[1] 赵凤楼：《中华人民共和国政区大典·河北省卷》，中华人民共和国民政部编，中国社会出版社，2015年。

[2] 申有顺：《中国大运河与邯郸》，研究出版社，2010年。

年六月，史宪诚感觉自己的统治不稳固，不得不请求入朝，皇帝下诏以义成节度使李听兼任魏博节度使，调史宪诚为河中节度使，进位侍中。李听的军队驻扎在馆陶不进。史宪诚意欲把府库的财务全部带走，引起了将士们的怨怒，加上疑心史宪诚出卖部下给李听，于是魏博军大乱，将士们杀死史宪诚，拥牙将何进滔留后。李听进至魏州，何进滔拒绝入城。七月，何进滔出兵馆陶突袭李听，李听毫无防备，大败溃逃，昼夜兼行，向北逃到浅口，失亡大半，辎重兵械尽都丢弃，幸遇昭义兵相救而得免死。八月，朝廷只得准许何进滔为节度使，复以相、卫、澶三州归魏博。从唐朝后期一直到宋朝建立，节度使由手下人拥立成为惯例，朝廷只得承认。

十、与运河有关的古镇聚落

在运河两岸与河有关的古村、古镇举不胜举。据 1984 年编印的《魏县地名志》统计，在全县 535 个行政村中，有 124 个与河有关，如杜町、谢町、康町、浅町、西町、北旦町、南旦町、町上等，因村庄建在河流故道滩涂之上而得名，由于"滩""町"同音，当地将"滩"改为"町"。再如河里、董河下、梁河下、朱河下、刘河下、河北、漳河村、付夹河、河南村、北照村、张照村、姬照村、李照村、西照村、马河、曹夹河、王夹河等村都是指在河边的位置。而南坡头、北坡头、西坡头、东坡头、前佃坡、冯堤、高堤、岸上、安上、岗上、河岸上、曹堤等村则是建在河堤上而得名。冯摆渡、牛庄、吕庄等因是渡口，以摆渡之人的姓而取的村名。

第三节　古建筑

一、庙宇、寺庙宗教建筑

（一）大名天主教堂

大名天主教堂是大名府城的历史建筑之一，是河北省现存的最雄伟壮丽的教堂之一，也是我国华北地区的典型哥特式建筑。（图 2-15）2013年 5 月 3 日，被国务院列入全国重点文物保护单位。

大名天主教堂，又名大名县天主教宠爱之母大堂，位于大名县城内东街。法国天主教会于 1916 年开始设计，1918—1921 年 12 月通过天津总堂

图 2-15 天主教堂

（图片来源：作者自摄）

拨发、国内外捐献款项，由法籍天主教会传教士郝嘉陆斯铎主持设计所建，是国内继上海徐家汇大教堂 1910 年建成后所建的第二大教堂。[1]

1. 大名天主教堂的建筑组成

大名天主教堂的建筑面积约 1441 平方米，以砖、石、木为主要建筑材料建成。

教堂主要由一座钟楼和一座礼拜堂组成。（图 2-16）

钟楼位于教堂建筑的正北面，楼高 46 米，向上内收，四面同宽，上下呈三段式，顶端尖顶之上是象征天主教会的十字架，第二段屋身上端三面各嵌有一直径 1.42 米的大钟，大钟之下正门之上供龛内有圣母抱耶稣玉石像，玉石像在红砖立面背景的烘托中圣洁、醒目。钟楼的东、西两侧的侧后方各有一座相互对称的陪楼，陪楼高 20 余米。三座高楼使整个北

---

[1] 杨彩虹，王开开，刘梓宜：《西方宗教建筑与中国建筑文化的融合——简析二十世纪历史建筑"大名天主堂"》，《华中建筑》，2016 年。

立面呈"山"字形，沉稳、高耸挺拔、富有层次。钟楼的内部是从礼拜堂音乐楼侧的螺旋楼梯而上，内部呈圆筒形，顶端圆形空间为撞钟的机械装置。这口钟是目前国内唯一一个由机械带动钟去撞锤的钟，具有很高的研究价值和历史意义。

图 2-16 天主教堂

（图片来源：作者自摄）

礼拜堂，也称为大堂，为仿法国教堂建筑。规模宏伟壮丽，式样新颖，别具一格。整个大堂建筑面积 1220.39 平方米，紧挨钟楼南侧，南北长东西短并有外凸，使得整个礼堂呈十字架形状。礼拜堂高约 18.5 米，也为三段式布局，台基北侧 4.5 米，高于其他三面 2 米，由长方形青石砌成，凸显出建筑的方向及主次。大堂顶为拱形，用蓝砖白灰南北依次砌成。东西屋身部分为长条形券窗，靠北端为五个顶部带有梅花玻璃窗的长窗。整个礼拜堂规模宏大，式样精巧。

礼拜堂的拱形大门面北而开，呈"凸"形，上部约 3 米处有圣母抱耶稣铜铸坐像，高 1 米左右。堂内为砖饰券顶，净跨度约 11 米，在礼拜堂东西两侧各有一行 9 根高大的青石圆明柱，柱座高 0.9 米，柱身高 2.98 米。北端两侧各有一个小木屋，屋高 2.56 米，被称为神工楼，是教徒们忏悔之所。礼堂正北为一座两层木楼，一层是礼堂正门，二层被称为教堂的音乐楼，其实是一座大型管风琴，且是国内最大的管风琴，供重大礼拜活动时演奏，琴声嘹亮，回响悠长。礼拜堂的最南端是一个弧形空间，为礼拜堂的正祭台，是由神父主持礼拜仪式的地方。

2. 建筑风格

大名天主教堂是一座钟楼和礼拜堂为一体的哥特式建筑，有着显著的哥特式建筑的特征：双圆心尖券门窗、高耸的尖塔、中厅与侧廊的高差、飞扶券结构、彩绘玫瑰花窗等。

（1）平面形制

大名天主教堂为拉丁式中轴对称式的十字形平面。（图 2-17）

与西方传统教堂的东西朝向不同，大名天主教堂坐南朝北，结合了中国建筑的形制。从正北大门处，沿一条南北向长轴线，经由拱形大门、门厅、礼拜厅到达祭坛和圣坛。礼拜厅部分东西两侧各有两列圆柱，将礼拜厅空间沿东西向分为两个侧廊和一个中厅三部分。在礼堂的中部沿东西向短轴线各突出一个横厅，构成"十"字的空间形态。

大名天主教堂的平面形制及空间布局酷似法国著名的哥特式教堂圣赛南主教堂，比例关系和空间布局与传统的西方教堂基本相符，同时又结合了中国古建筑的特点。

（2）内部空间营造

教堂是基督教三大流派（天主教、新教、东正教）举行弥撒礼拜等宗教事宜的场所，是人们表达信仰的地方，在这里既能够感受到人神共处，又能感受到充满敬畏和神秘的空间氛围。

西方传统教堂通常会利用尺度对比、光影变化、声音混响的设计手法来营造神秘又感动的氛围。大名天主教堂虽然建筑尺度相比于西方教堂而言较小，但也利用了相应的手段来设计。

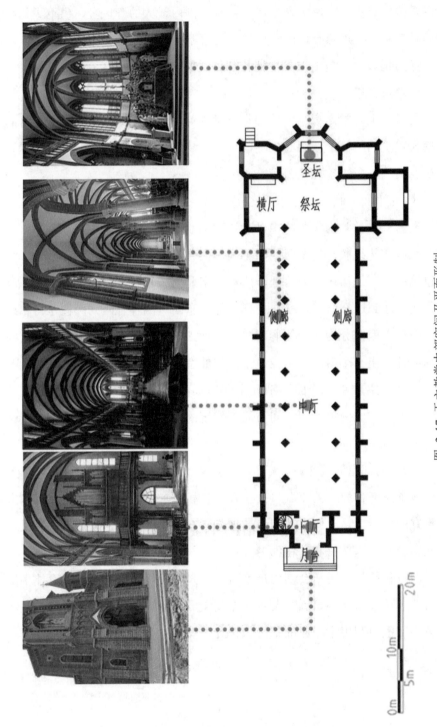

图 2-17 天主教堂内部空间及平面形制

（图片来源：文涵《大运河大名段建筑遗产调查研究》）

　　大名天主教堂的五个出入口利用尺度的变化区分了主次方位，主入口空间利用音乐楼压低了门廊空间，穿过门廊则是两侧高大硬朗的青石柱，结合顶部的尖券形成的高耸的中厅空间，这种尺度的对比令人有豁然开朗而自身又很渺小的神秘之感。（图 2-18）同时，教堂中厅与侧廊的高差、跨度差和顶部尖券的肋条利用视觉关系营造了一种秩序分明而又层次丰富的感觉。（图 2-19）这些都是运用西方的设计手法而设计的，但设计师也结合建筑尺度对细节做了调整，例如西方教堂空间序列的前奏部分由广场营造，而大名天主教堂则用中国古建筑的月台来体现，同时压低门廊增加对比。

图 2-18 天主教堂主入口门廊
（图片来源：作者自摄）

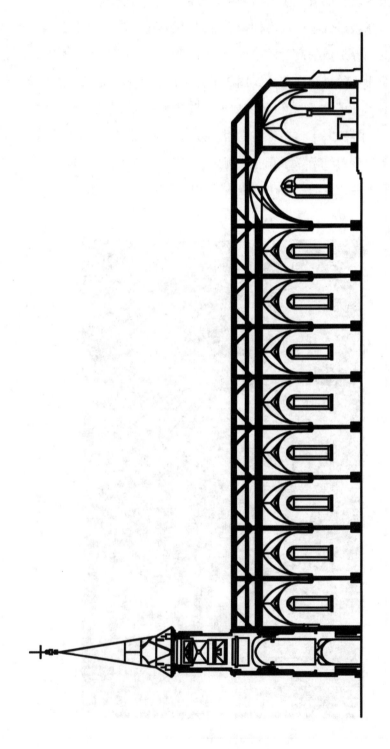

图 2-19 礼拜堂剖面

（图片来源：文涵《大运河大名段建筑遗产调查研究》）

大名天主教堂的两侧密排着尺度窄长的券形长窗，并通体彩绘了耶稣诞生的故事，既增加了教堂的采光量，同时密集的窗间墙和彩色长窗也形成了丰富的光影效果，增加了神秘感。南北轴线的尽端圣坛处由方形空间变化为圆弧形并环以排窗，光线通过窗户照在圣像之上，营造了教心汇聚的神圣之感。

大名天主教堂的管风琴，使用时需两人踩踏，发出的声音嘹亮且空明，身在其中，圣洁静谧之感立现。

（3）建筑的立面造型

大名天主教堂的主立面由钟楼与两个陪楼构成中轴对称的典型"山"字形哥特式立面构图，（图2-20）营造出整体沉稳、高耸挺拔、富有层次的感觉。礼拜堂的整体基座高耸，北墙基地又高于东、西、南三面墙基地，刻画出其整体造型。

整个教堂立面为三段式布局，最下面是大块青石墙基，中段由红砖磨砖对缝、门窗、青石立柱构成，顶部为蓝灰色瓦面的坡屋顶造型。中间又点缀有白玉雕像、飞扶券、彩绘玻璃、细致砖雕等装饰，使整个建筑立面轮廓错落有层次，材质对比雅致，细部设计丰富细致，既精巧又壮观。

大名天主教堂的门窗设计也是其立面造型的亮点。教堂的主入口为双圆心尖券双开门，开敞高大；正面次入口为双圆心尖券单开门；侧次入口为低调的长方形门。三种形式与功能和谐统一、主次分明。教堂的开窗方式非常丰富，充分与空间的光影设计相结合。礼拜堂的东西两侧靠北墙面、南侧圣坛墙面以及塔楼的塔尖下侧墙面主要分布着两券一梅花窗，在立面中前后相呼应，且从比例上迎合瘦长的尖券效果；中厅与侧廊之间形成高差的墙面上连续排列着三连尖券窗，增加立面的统一感，且因为高度的缩小变成三券以维持尖券的比例；横厅的东西墙面上的三连尖券窗两边各开两扇单尖券窗，也是出于比例的考虑；长方形窗较少，主要分布于建筑的一些次要位置；尖券窗分布于横厅的东西墙面上，各开两扇；钟楼侧的小陪楼上方运用了圆形梅花窗，独特的装饰丰富且活跃了整体的建筑立面。教堂的立面通过既统一又有变化的窗型，营造了规则形制下的丰富感。

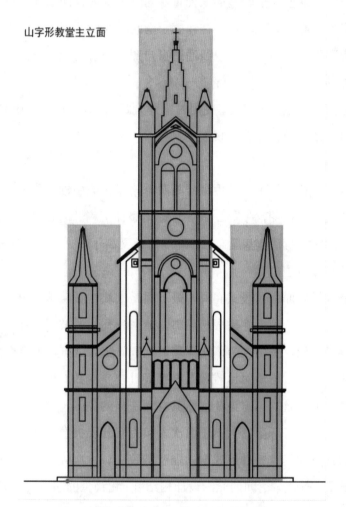

图 2-20 "山"字形立面示意图
（图片来源：文涵《大运河大名段建筑遗产调查研究》）

（4）建筑的装修与装饰

大名天主教堂的装修与装饰充分体现了中西方结合的特点。

由于大名天主教堂在教会中规格较高、教众较广，故由法国天主教会主持设计及修建，装修与装饰所用如彩绘玻璃、白玉雕像均从法国直接定做而成，极为精致考究。

钟楼外立面装饰部分除了前面所说的极具西方特色的大钟、供龛和雕像，还与中国的传统文化相结合，多处使用了中国的楹联文化。在供龛周

边便刻有对联"欲识其宠请看怀中所抱，要知厥能试观掌上何持"，横批
"宠爱之母保障大名"。这种装饰手法还出现在礼拜堂的青石明柱上，随
位置的不同有着不同的内容。

礼拜堂主厅内中轴线通道两旁布置着红色木质跪凳，与青白色的建筑
内饰相对比，区域划分明确且良好地烘托了通往祭台之路。礼拜堂的祭台
用四级石砌台阶划分了四个功能空间：第一级礼拜日做弥撒用；第二、第
三级分别是摆设蜡烛和鲜花的空间；最上一级和弧形墙面构成主要的圣坛
空间。

圣坛的正祭台以一座 2 米高的假山为背景，山顶立一巨大十字架，架
上为耶稣受难像，两侧供有 1.7 米高若望像与圣母像，皆为彩绘塑像，背
后高窗强烈的光线照耀在高高在上的圣像上。（图 2-21）紧靠假山主祭台
正中为纯金打造的圣体，约 0.4 米宽，1 米高。祭台前面有两棵 2.5 米高
的铜制蜡树，每当蜡烛全部燃起，照得祭坛夜如白昼。假山的北面两侧亚
瑟石膏像和耶稣圣心石膏像相对而立，两个手持蜡烛树的天神雕像伫立在
侧，圣像头尾低垂颜色雪白，虔诚之感油然而生，正祭台北侧的东西两边
是圣坛的偏祭台，分别供奉德列撒、圣伊纳爵等 6 个等高的白色石膏像。

大堂顶为拱形，用青砖砌拱肋形成的一个个十字拱，加上整体白灰抹
面形成白色为底青砖线条装饰的整体效果。同时青砖拱券、青石立柱、青
砖窗券形成堂内特有的肌理效果。

大堂侧廊从正祭台前到第 3 根立柱间，是一座讲道台。讲道台为木质，
约 2 米高，悬挂着 14 处石膏浮雕，均用油彩配合金线勾勒绘制并用木框
装裱。每个木框宽 1.5 米、高 2 米，雕刻一个故事，14 个浮雕画面缀连起
来，生动讲述了耶稣的一生。侧廊墙面悬挂着多幅讲解圣经故事的油画，
人物颇为传神。礼拜堂两侧的每格玻璃都用各种颜色绘制成菱形，显得五
彩缤纷。此外，大名天主教堂建筑外立面的砖石表面也刻有各式精美的
图案。

教堂内精雕细琢的小装饰，据说都是当时的工匠纯手工用整块石材打
磨出来的，每一个雕刻，每一道纹理，都饱含着劳动人民的智慧。这里又
有一个小故事"磨洋工的由来"，当时这个教堂是法国人兴建的，而工人

大多是中国的劳苦大众，因为匠人们手工为洋人打磨这些雕刻，出活非常慢，又是给洋人打工，所以后来就有了"磨洋工"这个词，形容干活拖拉，不出力，但其实当时并不是这样，只因为这些雕刻对工艺的要求太严格，慢工才能出细活。

图 2-21 天主教堂祭坛

（图片来源：作者自摄）

（二）大名金北清真寺

大名是一个有着多民族文化的历史名城。在元代以前以汉族聚居地为主体，元末明初，大名县金滩镇作为大运河的重要渡口，往来的各民族人口众多，打破了之前以汉族为主的人员格局。回族是当时在金滩镇除汉族外的第二大民族，出于居住需求而形成了多个回民村落，进而由于回族人民特有的宗教习惯与居住模式出现了多个清真寺。金滩镇的清真寺建筑风格不同于传统的伊斯兰建筑，有着明显的中国传统古建筑的特征，见证了宗教在当地本土化的融合，也是运河大名段独特的建筑类型之一。其中位于金滩镇金北村的金北清真寺是大名县保存最好的清真寺。

1.历史沿革

因金滩镇是卫河的重要码头，元末明初由于回民的大量迁入，金滩镇建有四座清真寺——南清真寺、北清真寺、西清真寺和女清真寺。据传曾有碑文以记之，但现今已不可考。后来除了南寺也就是现在的金北清真寺外，西寺、女寺、北寺已相继不存在。明、清两朝对金北清真寺均有重建和修缮。民国三年（1914），在原寺基础上又加盖了10间古棚出厦。[1]

1965—1967年，由于特殊的历史原因，金北清真寺的命运岌岌可危，当地居民将清真寺带有明显宗教色彩的符号部分替换为五角星图案，被拆下的琉璃月牙被当地回族群众李鹤祥偷偷保存。然后，又利用清真寺做学校，赋予其符合时代的功能性，使这座清真寺的风貌得以保存。之后，又曾改元式大门为新式门楼、拆除水房及后门、加建附属用房，但金北清真寺的主体及整体建筑风格并未被破坏，且与清真寺风格更为一致。

1982年，金北清真寺重新使用，李鹤祥献出琉璃月牙重新安装。第二年，金北村又自筹8000余元对清真寺进行了修缮，使这座清真古寺又焕发了"青春"。

2.寺址选择

自隋朝大运河的开通，金滩镇作为重要码头，带来了多民族人口在此居住，其中回民占据多数，故而修建清真寺在金滩镇成为一种必需。

除了给当地的常驻回民提供礼拜场所，还有许多走水路往来经商的回

---

[1] 郑璐：《大名县地区清真寺建筑研究》，河北工程大学，2018年。

族流动人口，给金滩镇清真寺提出新的要求，那就是需要清真寺建在靠近码头的地域以提供便利。

金滩镇的青龙街，由于位于码头附近而成为这里最为繁华的商业街，并且为了运河的疏通与漕运的管理，金滩镇的管理部门也均设于此，使这里又成为当地的政治中心，给清真寺的发展与使用提供了充分的经济条件与政治条件。

所以，可以说金北清真寺是因运河而生，依运河而建。迄今为止，金北清真寺是大名县境内保存最好的清真古寺。1987年，金北清真寺被公布为县级文物保护单位，1995年，被公布为邯郸市第一批市级文物保护单位，受到各级单位的重视，得以更好地保护。（图2-22）

3.规模建制

现有金北清真寺为元末明初初建，又经过多次整修后的呈现。寺后及南北两侧建筑曾经也是原清真寺的组成部分，分别是水塘和一些附属用房。寺庙的主体既有着典型的穆斯林建筑风格，又有明显的明代传统古建的特征。建筑主体结构为砖木结构，装饰材料以琉璃为主，充分体现了宗教建筑与本土建筑的融合。

金北清真寺为传统的院落式布局，（图2-23）院落大门朝西，但建筑的朝向却是坐西朝东的，有着独特的流线设置，总占地近三亩。整个院落从西正门开始沿东西方向延展，全长约51米。院落南北方向较窄，约有22米宽。

金北清真寺的大门为一座琉璃瓦歇山顶古门楼，屋顶脊上有吻兽，门口有写着"清真寺"的匾额，是典型的中国古建形式。（图2-24）进入正门是礼拜堂后窑殿的后墙，也是院落的影壁墙，（图2-25）影壁墙也是琉璃装饰，其设置也很符合中国传统院落的形制。但经过影壁墙需绕到院落的最东端才是清真寺建筑的入口，从东向西为古棚、礼拜堂。

建筑的古棚部分其实是民国三年加建的，古棚前面的月台和垂带台阶作为清真寺建筑的前奏。建筑形制为四擦卷棚出廊，面阔三间，进深二间。

古棚西面是礼拜堂，分为前殿与后窑殿。前殿部分为硬山屋顶，屋脊有吻兽，面阔三间、进深三间，七架梁前后出双步梁，砖木结构，勾链搭

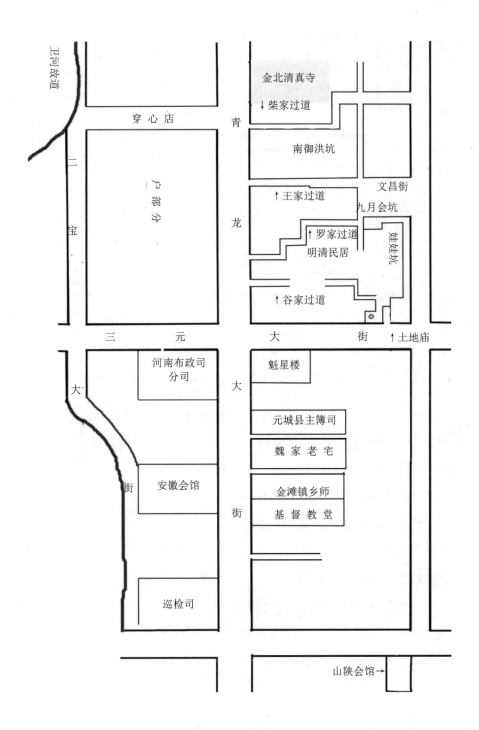

图 2-22　金北清真寺位置示意图

（图片来源：作者自绘）

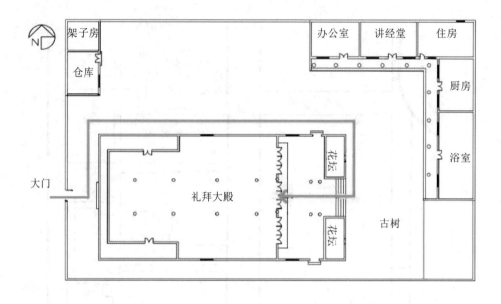

图 2-23　金北清真寺平面图

（图片来源：作者自绘）

式。后窑殿是清真寺的祭坛，由三个亭式攒尖的悬檐建筑组成，（图 2-26）中间为六角形攒尖建筑，两侧分别为相同的四角形攒尖建筑，三部分接合处留有天沟。该建筑为砖木结构，共有檐柱 8 根、金柱 8 根，进深约为 21米，面阔约为 12 米，尺度较为开阔。

清真寺院落的东北部是寺庙的讲经堂，也是一座融汇了中国传统与阿拉伯风格的建筑形式。寺院内古棚入口南、北侧各植有一株直径 1 米左右的百年古槐，现仅存南侧的一棵，枝干虬曲苍劲，枝叶茂密。（图 2-27）

整个清真寺的建筑充斥着统一的宗教本土化风格，历史悠久。那棵百年古槐便是金北清真寺百年历史的陪伴者与见证者。

图 2-24　金北清真寺大门

(图片来源：作者自摄)

图 2-25　金北清真寺影壁墙

(图片来源：作者自摄)

图 2-26 后窑殿攒尖
（图片来源：作者自摄）

图 2-27 金北清真寺古树
（图片来源：作者自摄）

（三）大名西营清真寺

1. 历史沿革

西营清真寺位于河北省大名县营镇回族乡的西营村内。营镇回族乡位于大名县域的东北端，是当前大名县唯一的回族乡。

营镇原有清真寺两座，东寺于 1963 年毁于水灾。据《大名县志》载："按大名之回民，明永乐二年自顺天府大兴县枯柳树村，迁至元成县钟鼓村。钟鼓村者，即善乐营之旧名也（今西营镇），大名县之有回民实自此始。至正德时始建寺，崇祯十七年（1644）重修。"当时的西营清真寺是大名府规模最大的清真寺，大殿为中国宫殿式建筑，有房屋 81 间，院落占地 5000 余平方米。院内有碑刻记载西营清真寺曾经最多时管辖 80 多亩的土地。

清光绪年间，西营清真寺被义和团烧毁，1905 年重建。新中国成立后，西营镇清真寺曾停止宗教活动挪作他用，1958 年曾作粮站，1962 年做公社办公场所，后又曾为小学之用。1979 年恢复宗教场所使用，但至此西营镇清真寺已受到很大破坏。

1985 年，曾任过该寺阿訇的何道谋回家探亲，在邯郸募捐 700 元，修复了礼拜殿和部分围墙。1987—2006 年，寺院又经过多次修缮。尤其是 2006 年，原寺大门由坐西朝东改为坐北朝南，院落形制发生很大变化。

2. 选址条件

西营镇清真寺与金北清真寺相同，也是因大运河而建。

首先，大运河的兴起带来水路的兴盛，营镇乡与卫河、漳河相邻，北通天津、东靠山东，是往来商运的水陆交通枢纽，有着经商者聚集的地理位置条件。

其次，明朱棣称帝后，为填补华北一带因战乱造成的空旷而大量迁民，给营镇乡回民聚集提供了背景条件。由于营镇乡优厚的经商条件及回民善商的特性，明朝永乐年间，顺天府枯柳村的回民集体迁徙至大名府西营镇。这里逐渐成为大名最大的回民聚居地，经济也日渐发达。这给建设清真寺提供了人口条件和经济条件。

3.规模建制

现清真寺建在西营镇中部，也为院落式布局，正门坐北朝南，寺中建筑坐西朝东，占地4亩，建筑总面积约600平方米。

寺院南侧入口歇山顶门楼（图2-28）建于高阶之上，为2006年改建。门外立有一对石狮，是明代遗存下来的。寺内建筑由礼拜堂大殿、讲经堂、水房组成，其中讲堂分为南讲堂与北讲堂，南讲堂也称女寺，其他部分为男寺，均坐西朝东。

图2-28 西营清真寺门楼

（图片来源：https://www.sohu.com/a/210510141_669241）

礼拜堂大殿（图2-29）（图2-30）为清代宫殿式建筑。东西长16米，南北宽17米，面积约300平方米。东西分古棚、前殿和后殿三部分。整个大殿为两座连续硬山顶清式建筑，面阔三间进深五间，两侧各有耳房陪衬，均为砖木结构。大殿前有六级宽台基及月台，与院落高差较大。

院内大殿两侧另有北讲堂6间、水房5间，也为砖木结构的中式建筑。南讲堂5间，现为女寺，为白色伊斯兰风格建筑。（图2-31）

图 2-29 西营清真寺礼拜堂大殿

（图片来源：https://www.sohu.com/a/210510141_669241）

图 2-30 西营清真寺礼拜堂大殿内部空间

（图片来源：https://www.sohu.com/a/210510141_669241）

图 2-31 西营清真寺女寺

（图片来源：https://www.sohu.com/a/210510141_669241）

（四）大名兴化寺

大名兴化寺，是汉传佛教临济宗三代祖师的道场。始建于中唐时期，初名观音寺，后名兴化寺，具体年代已不可考。位于大名府故城西门外，今大名县铁窗口村南。从中唐至今大名兴化寺三毁三建，几经沉浮，今天我们所见到的兴化盛景已是 2002 年在韩国佛教界的支持下筹资修复的。

1. 佛教临济宗

唐武宗会昌法难之后，禅宗逐渐成为中国佛教的主流，其思想推动了儒家及道家思想的发展，从某种意义上讲也成为中国文化的精髓。

唐宣宗大中八年（854），行脚僧义玄入住镇州真定（今河北正定）临济院，创建临济宗。临济宗提倡禅悟思维，讲求用生动、随机的方式引导启发学禅之人自省自悟，很快便发展成为中国佛教禅宗五大宗派之一，四方禅僧及官僚阶层趋之若鹜。

随着中国佛教的没落，汉传佛教形成"临天下、曹一角"的态势，十僧人九临济，所以临济宗成为禅宗的主脉和中国佛教的主流。从某种角度来讲临济宗延续了中国佛教。临济宗创始人义玄禅师最后便落脚于大名兴化寺且圆寂于此。

2.大名兴化寺的兴起

义玄禅师晚年感动于当时的魏博节度使何弘敬信奉佛教的诚意，受邀成为贵乡县（今河北大名）观音寺江西禅院（后来的兴化寺）驻寺僧人，不再云游。据传当时的兴化寺"北临大道，南毗引河，殿堂高耸，古木参天，寺产数顷，僧众近百"，成为临济禅法的传播中心。

唐咸通八年（867）四月十日，义玄禅师圆寂于大名兴化寺东堂。众弟子收取禅师舍利，分别于大师创宗之正定临济寺和圆寂之大名兴化寺修建舍利塔供养。大名兴化寺所建临济义玄舍利塔，塔高约4米，为重檐六棱石塔，额题"唐谥临济慧照义玄祖师澄灵宝塔"。1000余年来，澄灵塔一直保存完好，直至"文革"时期，塔毁舍利失，现塔顶宝相珠和部分塔檐、附柱、基石等残件，以及舍利石函尚存。

唐乾符二年（875），魏简任魏博节度使，邀请义玄禅师侍者存奖在大名兴化寺续临济宗，继承大师衣钵，发扬创新称"兴化宗"。自此大名兴化寺成为临济宗二代禅师道场。唐僖宗文德元年（888）七月十二日，兴化存奖禅师鸣钟圆寂于兴化寺。同年八月二十二日火化得舍利千余颗，众弟子于魏州城南贵乡县熏风里（今大名旧治乡砖桥村）建塔供养。

第三代临济宗祖是五代时期河北籍高僧南院慧颙禅师，他继承了临济宗法并将兴化存奖法系发扬光大。到了唐末五代时期，大名成为各方争霸的必争之地，慧颙禅师从此离开了大名兴化寺，南下住持河南汝州宝应寺，成为禅宗史上的"宝应和尚"。五代末年由于永济渠的泛滥，历史上的大名兴化寺第一次被毁。[1]

---

[1] 桂士辉：《大名历史编年》（上卷），大名县地方志编纂委员会，中国文史出版社，2012年。

3.大名兴化寺中兴

明朝初年，僧人超觉欲复兴大名兴化寺，他东奔西走，四处筹集重建资金，最终当地秀才李仁布施土地 1 弓，当地田姓老者捐地 50 亩，作为兴化寺的重建用地，重修大名兴化寺。聚沙成塔，超觉禅师竟然修建了 15 间高大的佛殿，积累田产数顷，召集近百僧人在此礼佛。一时间，兴化寺晨钟暮鼓，香烟缭绕，佛号声声，掩映在古树中一派壮观肃穆的景象。至此，大名兴化寺得以中兴，善男信女，络绎不绝。

明建文三年（1401）三月，燕王朱棣决卫河水淹大名府城，城废，大名兴化寺在历史上第二次被毁。

4.大名兴化寺再盛

清康熙初年，临济宗高僧雪岸慈和尚云游至大名府，欲恢复唐朝时临济宗寺庙兴化寺，集结当地名士、僧众，将本地白衣堂扩建为规模宏大的佛教寺庙，重振兴化寺，雪岸慈和尚出任住持弘扬临济宗法，康熙九年（1670），皇帝御赐寺名"护国临济寺"。[1]

重修的临济寺（兴化寺）堂前两层廊庑，山门前的一对汉白玉石狮，造型古朴、端庄魁伟。这一对石狮姿态与众不同，石质奇特，从艺术表现以及自然风化程度来看，颇似唐宋时期的遗物。整个临济寺（兴化寺）宽敞雅致，富丽堂皇，香火旺盛。大名兴化寺再次达到鼎盛时期，一直延续到乾隆年间，兴盛不衰。

民国初年，临济寺（兴化寺）第三次被毁，尚存残垣断壁，"文革"时期尽数被毁，所有遗迹荡然无存。所幸那对石狮还在，现保存于北京中山公园供游客观赏。

为了挖掘和保护文化遗产，1994 年 11 月 8 日邯郸市人民政府批准大名兴化寺为市级文物保护单位。之后由于临济宗在韩国影响较大，2002 年，韩国佛教界注资，占地 60 亩，重建了大名兴化寺。（图 2-32）重建后的大名兴化寺参照唐代兴化寺的建筑风格，传统中轴对称空间布局，先后修建了山门、主殿"大寂光殿"及禅堂、三面观音像、佛缘阁、南配殿、北

---

[1] 桂士辉：《大名历史编年》（上卷），大名县地方志编纂委员会，中国文史出版社，2012 年。

配殿、寮房、居士林等其他建筑。

图 2-32　大名兴化寺

（图片来源：作者自摄）

二、祠堂与墓葬

（一）大名万堤墓群

万堤墓葬群，位于今河北邯郸大名县万堤农场至漳河南岸一带，分布面积 2 平方公里，为已知县境内规模最大的古墓葬群。此处乃唐代魏博节度使何弘敬之宗茔。今已探明四座，其中一号墓为何弘敬墓葬，于 1963 年劳改农场用土时挖开，局部受损。墓中出土了中国国内至今已发现的最大墓志铭一盒，以及石、木质器件。尚未开挖的墓葬如旧封存地下。

（二）大名郭彬墓

据考证为元代大名路经历郭彬之墓，现位于大名县金滩镇娘娘庙村东南约 500 米，属于河北省第五批省级文物保护单位。据民国版《大名县志》记载，此有孔孟頫书碑、华表石器和清光绪十五年（1889）重修碑。该墓于 1957 年农田建设时被毁。但因当时水位较高，墓内设施未破坏，是研究元代中级官员封建礼志及葬俗不可多得的资料。

（三）任礼家族墓

任礼家族墓位于香菜营乡香西村西南 500 米处。南北长 35 米，东西宽 15 米，占地面积 525 平方米。任氏祖茔，第一世任礼和第二、三、四世均葬于此，任礼墓居北。地表上封土高 2 米，封土长 5 米，宽 4 米。墓群南距民有渠 300 米，北距香菜营通往回漳的水泥路 300 米。

（四）鬼谷子祠

鬼谷先生祠堂碑位于香菜营乡谷子村中鬼谷子祠堂内。祠堂占地东西 30 米，南北 40 米，面积 1200 平方米。

祠堂内石碑是清光绪九年（1883）农历四月，由崇敬鬼谷子的河南林县人出资而立，碑文记述了鬼谷子的生平及其弟子的故事。文中称赞鬼谷先生是帝王的师表，他的学术理论博大而精深，给予了鬼谷先生高度评价。这通碑刻在所有纪念鬼谷子的场所是独一无二的，对研究鬼谷子及其学说具有珍贵的史料价值和历史意义，同时也有力证明了谷子村就是鬼谷先生的故里。

碑刻质地青石，通高 125 厘米，宽 48 厘米。无碑帽，碑首呈梯形，表面饰阴阳相间三角形。碑刻正面横书阳刻隶体"流芳万世"；中间部位竖书阴刻"鬼谷子祠万人助工碑"；碑阴上部横书阴刻隶体"碑阴铭"。碑刻正文竖书阴刻楷体："鬼谷先生祠堂记 战国时赵平原君客说楚退秦后归隐云蒙山得道……"撰文、书丹："邑庠弟子口口允。"刻石："林邑魏家庄魏永昌锓字。"

三、医院、会馆等公共建筑

（一）大名宣盛会医院旧址

大名宣圣会医院旧址[1]（图 2-33）位于大名县城内大名府路中段路北大名县政府院内，建于 1925 年，是大名第一所西医院，属于省级文保单位。

1. 产生与发展

民国初期，大名县城的宗教发展非常活跃，1919 年原建于山东省朝城县的宣圣会总会迁至大名，并在北关以西修建礼拜堂做传教之用，这便是大名宣圣会医院的前身——宣圣会大名分会总堂。为了扩大教会影响，

---

[1] 陈奇龄：《大名县志》，大名县县志编撰委员会，新华出版社，1994 年。

1925 年，由美国基督教宣圣会总会拨款 30 万元开设"美国基督教宣圣会医院"，以外科见长。这里既是传教场所，又是利用西医技术为教徒诊治疾病之所。通过开办医院做慈善，教会既扩大了影响也吸纳了更多的信徒。

图 2-33 宣圣会医院旧址
（图片来源：作者自摄）

2.建筑形式特征

宣圣会医院总体建筑风格为混合式的美式建筑风格，注重建筑细节、有古典情怀、外观简洁大方，融合多种风情为一体。

整个建筑朝向顺应地形，有两个出入口，主入口面朝东南，次入口面朝西北，正门较副门宽且气派。建筑平面呈"王"字形，利用走廊空间将各功能房间串联起来，厅与厅、间与间、单元与单元，互通往来。上下共四层，顶层为阁楼，最底一层为半地上半地下，坡形的屋顶和内部错层的空间给建筑空间增添了趣味性与多样性。

　　整座楼建筑全部为整块青砖砌筑，四面均能采光。建筑的立面为古典风格的三段式，没有过多装饰，利用立面的材质和细节的变化建立立面的层次。例如建筑基座使用青石材质，墙身为青砖材质，屋顶则为青瓦屋面，色彩统一又因为质感的不同而营造了不同的色彩感觉。再如在立面开窗细节上利用长方、方、圆弧三种几何元素开窗，在整体的统一风格基础上进行变化，活跃了立面又改善了医院建筑对采光的要求。（图 2-34）（图2-35）

　　大名宣圣会医院建筑内部构造合理，外观立面齐整典雅，它多层次的屋顶以及稳重又不失灵活的建筑风格使其成为大名第一座也是最具特色的西医医院。1989 年它被定为河北省近现代优秀建筑。

图 2-34　宣圣会医院旧址(1)

（图片来源：作者自摄）

图 2-35　宣圣会医院旧址(2)

（图片来源：作者自摄）

（二）山陕会馆

山陕会馆，位于河北省大名县金滩镇金中村，距卫河东堤约 200 米。是金滩镇商业繁荣的缩影与见证。

明清时期，金滩镇作为运河码头重镇，商业繁荣，客商云集。山西、陕西商业较为发达，出外经商的人多利用乡亲、宗族的关系形成带有地域性质的商帮，在各地建了许多会馆，据说有 500 多座。清乾隆八年(1743)，金滩镇山陕商人为"祀神明而联桑梓"而集资兴建山陕会馆。

会馆曾占地面积 3000 平方米，整个建筑包括山门、过楼、戏楼、左右夹楼、钟鼓二楼、南北看楼、关帝大殿、春秋阁等。

　　现存建筑院落布局基本保留原貌，山门坐南朝北，院中五间正房坐南面北，两侧各三间厢房，另堆放着许多零散的柱础等建筑构件，面积约1500平方米。山陕会馆的院内建筑基本都是硬山屋顶、灰布筒瓦，但基本都已破损。（图2-36）

图 2-36 山陕会馆旧址
（图片来源：作者自摄）

　　唯一保存完好的是会馆山门门楼，门楼为青砖材质，从围墙处呈喇叭口内收，门楼墙体用线脚分割成三段，最上层有镂空砖花，古朴美观。四根砖柱高出墙体，顶部为尖顶装饰，大门正上方墙体为三角形，最高处与砖柱等高，由青砖叠砌而成，大门为砖券形式。整个大门对称均衡又不失细节变化，材质朴素，有很强的民国时期的混搭特色。从正房内供奉的佛教神像和山门的开阔气派来看，可以想象它当年鳞次栉比、摩肩接踵的盛况。

　　（三）四维中学

　　1.历史由来

　　大名天主教会源于19世纪中叶，从1863年开始便有西方传教士来大名修建教堂传教，但由于文化的差异，直至光绪元年（1875）献县华籍教士明铎来大名传教才打开局面，开办学堂、医院、仁慈堂、婴儿院、养老院等教会慈善机构，大名城乡教友日众教会大兴。

光绪二十七年（1901）在大名道庞鸿书的提倡下，大名天主教会又创办了一所法文学校。学校初建时，并未被官方批准，规模很小。民国三年（1914），学校正式成立，名为法文中学。这时开始兴土木、建楼房，学校初具规模。当时的法文学校全部由法籍教师任教，毕业生多服务于国内铁路、邮政等使用法文的部门。仅仅两年，法文学校学生就达数十人，法籍聂司铎担任校长。民国二十六年（1937）全面抗战爆发，天主教堂成为百姓的避难所，入教者大增。加之法文就业面较窄，次年，教会当局筹划将法文学校改办成普通初级中学，并更名为"大名四维初级中学"。"四维"取自《管子》中的"礼义廉耻，国之四维；四维不张，国乃灭亡"，主张四维宏张、国家兴旺，也是学校的办学宗旨。1946 年夏，抗日民主政府开展民主民生运动，大名天主教会开办的四维中学也就此停办了。

2."四维中学"的空间布局及建筑造型特点

"四维中学"校址在大名县城内东大街 131 号，也是耶稣会小圣堂院（后为天主教大名教区主教府）所在地，所有建筑及院落占地约 3400 平方米，由不同时期所建建筑形成的院落组成。院落布局稍显杂乱，但有清晰的中轴线，基本符合西方中世纪的修道院建筑特征。其中最北的一处院落便是曾经的"四维中学"。

"四维中学"也是院落式布局，由北侧主楼与东西两排单层建筑围合而成。院落正北为学校的主要建筑"法文楼"，为一座坐北朝南的三层楼房，共 27 间。一层为地下储藏室；二层正中间是校长及学监的办公室，两侧是学生教室；三层中间是天文仪器室，东西两侧是 8 间学生宿舍。院落东西各为 9 间带外走廊的两排平房，作为教室和教员办公室。院落中央为学生课间活动的篮球场，楼前设有花园、苗圃等。学校的餐厅和浴室是和教会共用的，设在学校院外的东西两侧，主楼北侧也有一个运动场，是后来增加的。"四维中学"另外还设有女子部，由修女管理，位置与主体分开设在当时的教会区域，和益大小学女子部同院。当时教会里有自制的发电机磨电照明，可以想象当时"四维中学"的校舍和设备，还是比较完善的。

"四维中学"从最初的小规模开办，到后来的"法文学校"再到后来的"四维初级中学"，规模和建设都在不断发生变化，加之与教会密不可分的关系，导致整个的建筑风格稍显混乱，与教会区域的建筑风格也并不是很统一。教会早期的建筑与当地传统建筑结合得较为紧密，屋顶形式、空间布局、材料建制都采用中国传统样式，再利用西式门窗形式及拱券凸显西方宗教建筑的特点。而"四维中学"的法文楼为砖混结构，外部造型为典型的西式楼房，水平方向为对称式的三段式形式，中间部分为三角形突起，两侧墙面设飞扶壁柱，三层的开窗均采用拱券形式并且层层收进，所有部分为青砖材质，使建筑立面均衡稳定、肌理丰富，并且利用墙面的凹凸变化营造出西方建筑独有的雕塑感和光影韵律。

四、古粮仓、古货仓

（一）馆陶县

史载仅馆陶县就有社仓（隋）、惠民仓（后周）、广惠仓（宋）、丰储仓（朱）、平籴仓（南宋）、徐万仓（明）、东马头（明）、东厂（明）西厂（明）、铺上（清）等。[1]

馆陶县旧仓，清康熙年间创建，雍正年间改建，可储谷万石。

徐万仓是漳卫汇合处，明永乐十八年（1420）在此设皇粮装卸点，岸上有很多仓库，以此得名。

（二）大名县

大名县龙王庙镇地处三省交界，南来北往船只不断，商贾聚集，故此地需要大量的仓库用来存放周转货物。据历史记载，龙王庙镇有三个较大的货仓，位于卫河东岸的为杂货仓，主要存放食盐、瓷器等商品；在河西岸南、北各有两个大型货仓，主要存放煤炭、石料、土产等物资。

大名县境内卫河之畔还有一个漕运重镇——金滩镇，漕运发达时期，这里是通往京城和天津的重要码头，每天码头都停泊着大量的商船货船。

---

[1] 任润刚：《馆陶县志》，河北省馆陶县地方志编纂委员会，中华书局，1999 年。

清初地理学家顾祖禹的《二十一史方舆纪要》着重讲述了古今郡县的变迁及其地理位置的影响，其中卷十六"大名府"部分载："小滩镇，府东北三十五里卫河滨。自元以来为转输要道，又东北三十里而达山东冠县。今河南漕运以此为转兑之所，有小滩巡司。嘉靖三十七年又设税课司于此。或以为镇即古枋头，误也。其西南数里有岔道村，亦卫河所经也。"之后，由于卫河、卫运河的停航，历史上所记载的这些古仓储都已荡然无存了。

五、古砖窑

在明正德年间（1506—1521），馆陶县东厂村有 72 座官窑，呈南北排列，绵延约 2 公里，专为故宫等皇家建筑烧砖。据查村内遍布陶质灰制大砖，多为半块，少量完整。有铭文砖，上分别印有"成化十七年四月十八日丘县窑制"等字样，砖尺寸大小不一，最大的长约 50 厘米，宽 25 厘米，厚 14 厘米。据村中老人讲，目前窑场遗迹依然可见。

大名县城东 8 公里处的窑厂村，历史上以烧盆闻名，紧临卫河东堤曾有 200 余个窑口。至今仍有清代砖窑、陶窑各一座遗存，据说一直使用到新中国成立初期。后由于损坏严重，逐渐废弃。

在魏县北留固和大名县龙王庙现仍留有石灰窑体 3 座。

第四节　古运河设施

一、古河道

邯郸地处华北平原，地势开阔，水流平缓，属于壤质土冲积平原。由于历史上黄河泛滥，漳水迁徙，现在的运河故道（白沟、永济渠、御河、古清水、古屯氏河、古屯氏别河等）均已干涸并被填埋。近十几年来，由于各种建设活动挖掘出多条走向分明的河道及一些船只、陶瓷碎片等，这对我们确定运河的历史有着非常重要的考古价值与研究价值。经河北省文保中心调查，在邯郸市发现的古永济渠河道就长达 40 公里，但是据邯郸

市文保所在调查中发现远不止 40 公里，竟有 13 处之多。[1]（图 2-37）

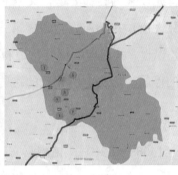

图 2-37 大名古河道遗址位置

（图片来源：https://map.baidu.com/search/）

（一）南栗庄老河道

位于魏县回隆乡南栗庄村南约 300 米处，现为一条深约 1.5 米，宽约 210 米，呈西南——东北走向的凹状条状沟。原河床底部已被淤埋或回填，地表为麦田，未发现相关遗物。

（二）河南村老河道

位于魏县双井、西照河村东南，河南村西北，呈西南——东北流向。老河道宽 40 余米，从村民取土形成的多处深坑内可以看出，河道深 9 米，发现较多河流冲积物，包括宋金时期的磁州窑白釉蓖划花碗、白地黑绘炉等。

（三）南沙口村古河道

位于魏县沙口集乡沙口集与南沙口村之间，呈西南——东北流向。有因烧砖取土而形成的深坑，南北长约 150 米，东西长约 100 米，深 7 米，坑内东、北壁断面暴露出河道痕迹及河流冲积层。

（四）冯摆渡村老河道

位于魏县大辛庄乡冯摆渡村与牛庄村之间，由于村民取土，已形成大

---

[1] 申有顺：《中国大运河与邯郸》[M]，研究出版社，2010 年。

坑，坑东西长 80 米，南北宽 80 米，深 10 米，断面可见淤积沙层。

（五）铺上村古河道

位于大名县铺上乡铺上村南，当地村民为烧砖在此取土，挖出宽约 40 米、长约 200 米、深约 8 米的"C"形坑道。坑道两侧坑壁可清晰看到横向冲刷的痕迹，判断为河水从南向北流动的痕迹。坑底有 3 米淤泥层及沙层，淤泥层中挖掘出由宋代磁州窑烧制的陶瓷碎片，可知该河道的形成应早于宋代。根据位置及痕迹可判断出这里为宋代以前的古运河河道。铺上村所发现的古河道宽约 20 米，暴露长度约 200 米。这对古运河的研究有非常重要的价值。

（六）尤村古河道及码头遗址

尤村古河道位于大名府故城西门（现在的铁窗口村）的西北处。当地村民为烧砖在此挖坑取土，发现坑底的淤泥层也从东向西逐渐降低，淤泥内有水生植物的痕迹，可以判断此地曾为河道。同时在大坑北侧壁发现 5 个南北横向木桩从东向西呈由高到低的斜坡状排列，可以判断河水是从东向西流动并且这里很可能是码头所在地。结合其所处位置推断，该河道及码头遗址很可能是唐代永济渠西渠遗址和大名府西门外的码头遗址。

（七）小逮堤村老河道

位于大名县旧治乡小逮堤村北、逮堤中村南两村之间，两个村的砖厂都建在河道之中，在河道中发现了类似于编织物或植物的堆积，河道距现地表深 5 米至 10 米，宽 60 米至 80 米。据河道所居方位判断，本河道即民国《大名府志》所述的清代以来的"御河故道"。

（八）木官庄村古河道

位于馆陶县路桥乡木官庄村东北 60 米的卫西干渠与胜利渠（均为新中国成立后新建）的分支处。据《元和郡县志》记载，故有人推测，卫西干渠一线即早期的古永济渠。

（九）邱城镇老沙河（白沟）及村落遗址

位于邱县邱城镇东 1 公里处，遗址位于老沙河西岸，现为农田。遗址坐落在河流西岸，南北长约 1000 米，东西宽 80 米，总面积约 80000 平方米。遗址原地势较高，呈缓坡状，现上部 1 米多已被铲为平地，地表及断面上，暴露有大量建筑构件、生活器具、人和动物骨骼等遗物。根据器物特征分析，应属岸边村落及码头遗址。由此可知汉魏时期的"白沟"即在今邱城东侧，老沙河很可能就是黄河"北流"入白沟而形成的。

（十）利漕渠、阿难渠

建安十八年（213）九月，曹操经营邺都，开利漕渠引漳水过邺入白沟转通黄河，使白沟与漳水直接连通，大大增加了白沟的水量，增强了白沟的运输能力，从而扩大了邺城漕运的航线及航程。

《水经·浊漳水注》在漳水"又东北过斥漳县南"下记："汉献帝建安十八年，魏太祖凿渠，引漳水东入清、洹，以通河漕，名曰利漕渠。"斥漳县在今河北曲周县东南，其引漳水入白沟处，即为利漕渠的北口。又《水经·淇水注》在馆陶故城南有记："白沟又东北迳罗勒城东，又东北，漳水注之，谓之利漕口。自下清、漳、白沟、淇河，咸得通称也。"罗勒城址已无考，馆陶故城在今馆陶县（即南馆陶）。利漕渠南口即在其西南。

阿难渠，又名阿难河，由北魏广平太守李阿难所开凿，在今河北曲周县东南。《元和志》卷十五洺水县：衡漳故渎"俗名阿难渠……盖魏将李阿难所导，故名"。

阿难渠距利漕渠口很近，当汛期涨水时，白沟之水便可分流至阿难渠，既通航又有利于灌溉。

中国大运河包括京杭大运河、隋唐大运河、东汉曹魏白沟、春秋吴邗沟，它开凿于春秋战国、成于隋而盛于唐宋、直于元而通于明清，无论在哪个历史时期，邯郸都是其中重要的环节。从邯郸段的运河遗迹来看，河道清晰、流向明确、保存完整，充分体现出北方运河的特点。同时在邯郸古运河流域留下了大量的历史遗存，对中国大运河的历史研究与保护都有着非常重要的作用。

二、古堤坝

从东汉曹魏时期到明清时期，中国大运河的邯郸段为防止洪水泛滥而修建了许多古堤坝，现存影响力较大的有西汉的王莽金堤，明代的蒋公堤、田公堤、御河旧堤、蒋家圈堤、鲍公堤和清代的曹公堤、卫河新堤、璜堤等。[1]

年代最早的王莽金堤位于今大名县境内北范店、付桥至黄金堤村一带，这里在西汉时期是新朝皇帝王莽的故里。王莽为保其宗茔及家财免予黄河水患而修建此堤，故被称为王莽金堤。民国版《大名县志》记载："金堤为汉时旧堤，势如岗陵，绕古黄河历开州（今濮阳）、清丰、南乐进入县境，东北趋山东馆陶（今邯郸市馆陶县），计长二百余里。"今大名县城康堤口村、万堤村（古称万金堤）、黄金堤村等 7 个村庄从南向北排列建于一条夯土高岗上，这条高岗连绵不断、约 4 米宽 2 米高，一直绵延近20 公里，这便是汉代的古堤"王莽金堤"了。这些村庄也都是以古堤坝而得名。

面对频繁的黄河决口，历朝历代在发展漕运的同时也一直在兴筑堤防，也为我们留下了许多的古堤坝遗迹。这些遗迹现在也逐渐被重视和保护起来，为古运河的研究贡献着力量。

三、古渡口、古码头

（一）魏县

史载，在魏县有回隆渡、双井渡、泊口渡、阎家渡、冯摆渡；在大名县有岔河口渡、庙镇庄渡、曹道口渡、赵家站渡、苑家湾渡、善乐营渡、顺道店渡、东门口渡，至今仍留有古代青石石桩一个。

（二）馆陶

运河流域馆陶古渡口有驸马渡、迁堤渡、马头渡、清泉渡、窝儿头渡、罗家渡、尖冢镇渡等。这些渡口都曾经樯帆林立行船如梭，在漕运中发挥着重要的作用。

年代最早的"驸马渡"，自西汉至新中国成立初期已有 2000 多年历史，其遗址在今县城东，在我国水运船运史上享有盛名。

（三）大名渡口

大名渡口，据民国《大名县志》记载，大名有渡口 8 处：庙镇庄渡口、赵家站渡口、苑家湾渡口、东门口渡口、善乐营渡口、顺道店渡口等。

---

[1] 申有顺：《中国大运河与邯郸》，研究出版社，2010 年。

现大名与南乐交界处仍有渡口一处，河道宽 80 米；渡船方式改为河两岸各有一木桩固定缆绳，人力拉动滑轮可以横渡。

第五节 古战场、古景点

一、古战场

邯郸运河流域处于"齐鲁燕赵"之交，扼南北水运、东西陆路交通要冲的特殊的地理位置，自古以来就是兵家必争之地，曹魏争霸、南北朝争雄、隋末农民起义、五代十国、王莽篡权、藩镇割据，杨家将抗金等古战场均在这里。

就馆陶县而言，就有诸多战役：东汉刘秀馆陶大捷、隋末刘黑闼兵败馆陶、明初"靖难之役"、清太平军北伐等。而且据考证，在馆陶县的 8 个乡镇 277 个村庄，与宋辽交战有关的就多达 60 个。

二、古景点

古代各县均有八景，我市运河四县的古八景中，许多都与运河有关。

（一）临漳古八景

明代《临漳县志》记载临漳古有八景即"铜雀飞云、九华雪霁、百阳荷风、太行远翠、奎阁春光、回隆返照、漳水晴波、柳园月色"，其中"回隆返照、漳水晴波"二景便与大运河有关。

1. 回隆返照

清代回隆镇是"两省四县夹一州"所管辖的大集镇。其西街为临漳县管辖。当时较大的村镇为了防止兵患，均筑有寨墙，在回隆的西寨门上有一块横匾，为石头打造。由于石匾被打磨得非常光滑，且此门又正对太行山两峰间隙，每当夕阳西沉、暮色笼罩大地的时候，落日透过缝隙照在石匾上，就能看到日影绰绰，故谓之"回隆返照"。"落日残霞何地无，回隆古镇更堪娱。万家楼阁弦歌满，倒挂斜阳对酒炉"就是对这一景观的写照。

2. 漳水晴波

漳河水源于山西，流经太行，至临漳县境已携带了大量泥沙，致使漳河水平时非常浑浊。但偶尔到春和景明时，降雨少，水流平缓，水便逐渐澄清，日光照耀下波光粼粼，远眺如丝带轻飘，近看清澈见底，这一现象被人们称为"漳水晴波"。"出门一望大漳横，东流潺潺流水声。最喜晴帆临古渡，白鸥红蓼并含情"描写的就是这一景观。

（二）大名古八景

根据明正德《大名府志》记载，"古刹晨钟、谯楼暮鼓、凌角烟霞、莲池淫雨、卫水归帆、恮山古堰、白水清风、穆堤晓月"为大名古八景（图2-38）的写照，其中"穆堤晓月、卫水归帆、白水清风、恮山古堰、莲池淫雨"五景均与大运河有关，古运河的发展变迁也深深影响着当地的景观构成。

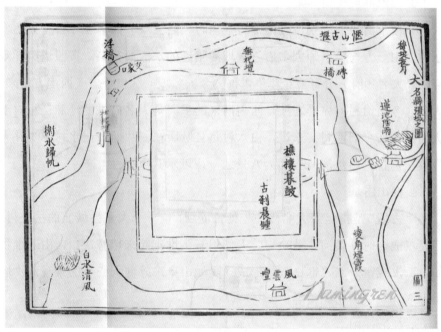

图 2-38 大名古八景

（图片来源：https://map.baidu.com/search/）

1. 穆堤晓月

"穆堤晓月"一景在大名县城东南10公里处，龙王庙镇东北的东木堤村、西木堤村与李木堤村。

北宋时期，随着大名段运河河道的迁徙，导致"北京大名府"在汛期更易受到洪水影响，故而在此修建穆堤，也就是黄河西岸大堤。但也恰恰由于"北京大名府"与运河的关系更为紧密,往来漕运也达到空前盛况,往来船只彻夜穿梭。每当夜晚月儿高挂,月光照着穆堤下流水潺潺,河道上樯橹交错,船只往来穿梭的漕运盛况便是"穆堤晓月"一景的写照。

2. 卫水归帆

民国版《大名县志》卷七《河渠志》有文字记载,"白水潭在卫水之阳,去今城十二里,为河南粮艘经行之所。林木交荫,菱荇纵横。邑无名山大川之奇,临流眺望舟楫,颇觉快心爽目。旧志八景,所谓卫水归帆者也。后河徙,变为村落,景状全无矣"。由此说明,随着大运河的河道变化迁徙,景观位置也在不停变迁,但都描述了卫水之上千帆过境的壮观景象。

3. 白水清风

"白水清风"一景在今旧治村(当时大名县城)西南4.4公里处的白水村,由一方与"京师大名府"护城河相连的水潭而得名。按照堪舆学观点,"大名(府)分野应奎壁""郡(今大名城)脉自坤方(西南方)来,大名(今旧治村)先受之",西南而来的卫河是大名府城的地脉。相对于大名县(治今旧治村)来讲,白水村是县脉所在。故而虽白水村本身并无景致,仍将"白水清风"列为八景之一,以示其重要性。

4. 惬山古堰

"古堰"是指运河大名段的一处古堤坝,位于今大名县城北的岳庄村。西汉汉成帝时期黄河在此决口,人们用石头堆砌起来堵塞决口,由于堆积如山,汉成帝赐名"惬山",形成"隆如山阜,颇惬人心"的景观,"惬山古堰"一景便由此得名。

5. 莲池淫雨

"莲池淫雨"的"莲池"又名三角淀,是穆堤与李茂堤交会处形成的一个三角洼地,长年积水而成潭。因三角淀中种植有莲藕,故名莲池。

粗略计算,当年的莲池方圆数百亩。每当荷花盛开的时节,荷香悠悠,蛙声阵阵,泛舟其间,采摘莲蓬,亦晴亦雨,美不胜收。

(三)魏县古八景

清雍正《魏县志》记载,魏县古有八景,"书阁藏经、高馆礼贤、重城叠壁、双井通泉、漳堤烟雨、卫水秋蟾、长桥霁月、翳桑连云"，旧称"洹阳八景"， 因古魏地处洹水（今安阳河）之北，故称"洹阳"。其中"双井通泉、卫水秋蟾、长桥霁月、翳桑连云"与大运河有关。

1. 双井通泉

"双井通泉"位于今魏县城南 15 公里处的双井镇，位于卫河北岸。东汉时期，此处挖有二井相并，距离仅不到两米，井底泉水相通，但井水一苦一甜并不相混合，此奇景便为"双井通泉"。

据康熙本《魏县志》记载名"双井寒泉"，后改为"双井通泉"，又改为"双井灵源"。泉水冰寒，凡井水皆如此没有特色。源头灵性，也显意义不明，不如仍用"通泉"更为恰当。

2. 卫水秋蟾

"卫水秋蟾"是指秋天的卫河之水清澈见底，可见水底的月亮而得名。

古志记载原名"卫水秋蟾"，后改为"卫水明蟾"。卫河之水固然清澈，但到秋季尤为清澈宁静，这才会凸显水底之月的明亮皎洁，"明蟾"的说法比较泛泛不够明确，不如仍旧叫作"卫水秋蟾"为妙。

3. 长桥霁月

旧志以"阎家晚渡"为一景，后改为"通津要津"。

明代以来，由于漳河河道南迁，卫河也多次由北向南迁徙。当时魏县境内还有回隆渡、双井渡、阎家渡、冯摆渡四渡，今天都已不复存在。所以只举阎家渡之名未免偏颇，强调通津又过于泛泛了。

听老者们说，当年，漳水泛滥直逼城池，自隆化往东有十里长桥，似不可泯没。漳水、长桥、明月构成一景。

4. 翳桑连云

"翳桑连云"位于今魏县于村。是指在那里桑树繁多，一棵棵相连成行，枝叶茂密成荫，宛如连云之状的美景。

旧志以"于村烟树"为一景，后改为"于村晚照"。这种树荫如烟的景象与"于村"关联不大，"晚照"又不够贴切，故名"翳桑连云"，与"长桥霁月"相对。

（四）馆陶古八景

"陶山夕照、驸马古渡、黄花故台、卫河秋涨、长堤春色、萧城晓烟、东岳晴云、古井甘泉"是馆陶古八景的写照，其中"驸马古渡、卫河秋涨、长堤春色、东岳晴云"与大运河有关。

1. 驸马古渡

"驸马古渡"即驸马渡，遗址位于今馆陶县城东老街东口七一桥附近屯氏河边。雍正版《馆陶县志》记载西汉时期馆陶是馆陶公主的封地，公元前 29 年，此地洪水泛滥，为安抚民众，馆陶公主驸马于永乘船从此渡口到馆陶赈灾，万民拥戴，故该渡口得名"驸马渡"。清朝王昉有《驸马渡》诗："驸马当年此地经，山河莫不被光荣。沙头立马旌旗动，浪里浮舟鼓吹鸣。细草一汀春雨歇，垂柳两岸晓风清。至今南北经行客，无不相传道旧名。"

2. 卫河秋涨

"每年夏末秋初，卫运河水涨数尺，船行如梭，欸乃相接"，这便是传说中的"卫河秋涨"一景。清朝郑先民诗曰："卫水河源远，秋来涨似春。帆樯高过树，波浪不惊人。处处无危岸，时时有巨鳞。谁言斯土僻？出郭即通津。"

清朝初年，漕运、河务、三藩并列为国家三大要事。当时在馆陶设办事机构，委派专人管理漕运，从馆陶城至码头的街道上，商铺林立，卫运河码头，商船、漕船来往争帆，一片繁荣景象。站在河堤观看，实为一胜迹。

现在卫运河已成为季节性河流，早已失去了漕运的功能，此景已看不到了。

3. 长堤春色

"长堤"即汰黄旧堤，又称金堤，位于今卫河东。长堤从大名县随沙河蜿蜒向东北，通达馆陶全境，为黄河故道。登堤远眺，没有尽头，到了春天，温煦和暖，景色宜人。清朝汪一虬诗曰："依水春多丽，探奇在古堤。绿侵知柳岸，红绽人桃蹊。闪乱征帆影，参差怒马蹄。摧尊花底醉，不惜卧香泥。"

4. 东岳晴云

馆陶城东有一座道教古庙名为东岳庙，位于馆陶古城东门外。远望古刹，河水环绕，碧空万里，古庙红墙绿瓦，掩映于香火缭绕，此海市蜃楼之景便是"东岳晴云"了。

清朝汪一虬诗曰："云痕晴乃幻，岳色远蓬来。欲望雯间气，还宜雨后台。塔铃犹隔语，松鹤漫多猜。独坐蓬庐适，霞光射草来。"

第六节　古碑、古树等文物

一、大名五礼记碑

大名五礼记碑（图 2-39），现立于石刻博物馆院中，是目前全国已知最大的古碑。

（一）五礼记碑历史——唐碑宋承

唐代开成五年（840），唐代著名书法家柳公权奉唐文宗之命，为魏博节度使何进滔撰写碑文，称为德政碑。[1]碑文字体刚劲秀美，行文洒脱流畅。

北宋大观二年（1108），宋徽宗修编《五礼新仪》，诏谕大名府尹梁子美，为《五礼新仪》刻碑立传。政和七年（1117），梁子美为讨好宋徽宗，打磨掉"何进滔德政碑"上的字并刻上《五礼新仪》，从此"何进滔德政碑"便成为"五礼记碑"。"五礼记碑"的碑石在打磨过程中，不知何故，石碑两侧的碑文有幸被保留下来，尤其是 "开成五年正月"六字清晰可辨，可证此碑曾为唐碑。五礼记碑历经千年的侵蚀，这些剩下不多的字迹，仍可辨出刚劲秀美的柳体风格。

明代建文年间，洪水淹没大名府城，五礼记碑被埋在地下。

明代嘉靖年间，三月，大名府知府顾玉柱派人挖出此碑，但碑石已断为 9 块，碑座龟头亦不知去向。

1988 年，大名县政府组织对"五礼记碑"进行了修复。经过技术性加固与粘接各部件，"五礼记碑"现已重新矗立于博物馆内馆。虽年久风化，

---

[1]（后晋）赵莹：《旧唐书·何进滔传》，中华书局，1975 年。

现存石碑除刻于石碑碑额的"御制大观五礼之记"依然清晰可见外，其他碑文均所剩无几。2006 年 6 月，被国务院公布为全国重点文物保护单位。

图 2-39 五礼记碑

（图片来源：作者自摄）

（二）五礼记碑组成

五礼记碑形体庞大，石灰石材质。据测，石碑通高约 12.34 米，碑宽 3.2 米，碑厚 1.13 米，总重 140.3 吨。

石碑自下而上由基石、赑屃（龟趺）、碑身、碑额四个部分叠加而成。

碑额顶部为八龙戏珠圆首，（图 2-40）（图 2-41）正面透雕八条长龙，左右各四，头垂尾盘，龙嘴尖长。整体雕刻构图新颖、技法精巧又生动拟人化，是典型的唐代雕塑风格。当中的篆额天宫内保留"御制大观五礼之记"八字，为宋徽宗篆书，字迹清晰完整。整个碑额高 3.3 米，长 3.21 米，宽 1.15 米。

碑身两侧为柳公权墨迹，碑阴刻唐代"何进滔德政碑"，碑文改刻为宋代"御制五礼记"碑文，因而"五礼记碑"也称为"唐宋碑"。碑身高 6.57 米，长 3.05 米，宽 1.08 米。

碑座为一硕大的赑屃，（图 2-42）赑屃头部已然残缺，但仍然看得出石雕工艺精巧，神态栩栩如生。1985 年，省文保部门重新复原了赑屃的头部，让观赏者能够看到"五礼记碑"的全貌。龟头补全前的龟趺残长 3.35 米，高 2.17 米。

图 2-40　五礼记碑碑首正面
（图片来源：作者自摄）

　　五礼记碑阴差阳错地经历了唐宋两代的打造，形成了非常独特的现象——宋承唐碑，这在历史上是非常罕见的。它见证了唐代的政治、经济与文化，见证了大宋的陪都文化，还见证了大名作为"河朔重镇""北门锁钥"的军事战略地位。五礼记碑是研究大名府历史难得的文物资料，也是研究唐宋时期政治、经济与文化特征的重要文物资料。

图 2-41　五礼记碑碑首背面
（图片来源：作者自摄）

图 2-42　后修复的趺坐
（图片来源：作者自摄）

二、大名狄仁杰祠堂碑

"大名狄仁杰祠堂碑"（图2-43）位于大名县石刻博物馆斜对面，它是为纪念唐朝名相狄仁杰而修建的"大唐狄梁公祠堂碑"，已屹立千年之久。

图 2-43 狄仁杰祠堂碑
（图片来源：作者自摄）

（一）碑刻历史

狄仁杰（630—700），字怀英，山西太原人，是唐朝著名的政治家，武周时期因政绩显赫而官拜宰相。

大周万岁通天元年（696），契丹攻陷冀州，武则天急调狄仁杰任魏州（今大名）刺史，狄仁杰立即做出战时决策。狄仁杰认为，契丹大军距离魏州还远，即便是契丹军攻城，自有办法对付，不必劳烦百姓，遂将所有百姓遣返回乡。契丹首领孙万荣知狄仁杰被复用，不战而退。狄仁杰在任期间，勤政爱民、不畏强权。魏州人民为感其恩德，在原大名府城西南（今孔庄村西北）给狄公建生祠、[1]庙廊，塑其像，立祠堂碑。碑额上书"大周狄梁公祠堂之碑"。后祠堂及碑刻被毁，一说毁于战乱；一说狄仁杰回长安后，其子在魏州为所欲为，祠堂及碑被群众毁之。

唐开元十年（722）十一月，狄仁杰祠堂得以重修，李邕撰《唐魏州刺史狄仁杰生祠碑》，由张廷珪书。后又毁于安史之乱。

元和七年（812），魏博节度使田弘正在原地重建狄仁杰祠堂，并立碑记其事，碑额题"大唐狄梁公祠堂之碑"。由于狄仁杰的名声受其子劣行所累，故新碑斜置于地，而非正南正北设立。此碑即为现存"大名狄仁杰祠堂碑"。

"大名狄仁杰祠堂碑"是研究武周唐史的重要考古资料，1996年给石碑加建了碑亭予以保护。2019年被公布为第八批全国重点文物保护单位。

（二）大名狄仁杰祠堂碑的碑体结构

大名狄仁杰祠堂碑由碑首、碑身、基座三部分组成，由于底部龟座还埋于地下，所以只能测量碑体尺寸，高约3.36米、碑宽1.46米、碑厚0.46米。整个大名狄仁杰祠堂碑为青石材质雕刻而成。

碑首为六龙交首，正面透雕六条蟠龙，龙头交错，两侧龙头向下。碑额为圭形，碑额阳刻三行篆书，每行三个字，共九个字——"大唐狄梁公祠堂之碑"。

碑身阳面刻碑文正文，楷书字体，由户部员外郎冯宿撰文，户部郎中胡证书丹并篆刻，记述了狄公在魏州做刺史时的德政以及重修祠堂的经过。现石碑碑首及碑身上半部分略有风化，约四分之一的碑文已被磨损，无法清晰辨认，但仍能看出石碑风格古朴，碑文字体工整，笔法俊秀有力。

---

[1] （清）赵翼《陔馀丛考·生祠》："《庄子》庚桑子所居，人皆尸祝之。盖已开其端。《史记》栾布为燕相，燕齐之间皆为立社，号曰栾公社；石庆为齐相，齐人为立石相祠，此生祠之始也。"

碑身下部及龟座被深埋地下，风化情况并不明了，没有贸然挖掘。

该碑具有较高的考古研究价值，但作为历史遗存，命途多舛，碑文已不清晰。明正德年的《大名府志》卷四《祠祀志·狄梁公祠》中详细讲述了大名狄仁杰祠堂碑碑文的内容，对照碑文可以推测碑文、研究狄仁杰的为官经历、进行书法研究等。

三、大名马文操神道碑

唐末魏州武将马文操，元城（今大名）人，因其后人先后在后晋官居高位，晋天福六年（941），晋高祖石敬瑭为了安抚马文操后人，追封其官职并命贾纬撰文，高廷矩书丹，为马文操立神道之碑，[1] 名为"大晋故赠秘书监马公神道碑"，今简称为"大名马文操神道碑"。（图 2-44）此碑原立于河北省邯郸大名县张铁集乡寺庄村西，1987 年搬迁至大名县石刻博物馆。

"大名马文操神道碑"为青石材质石碑，高 3.4 米、宽 1 米、厚 0.36 米。整个石碑造型简洁、比例适中，碑首高约占总碑高的三分之一，与碑身通直，浑然一体，碑座已不知去向。碑首部分为龙首，雕有盘龙，碑额阳面分三列用篆体雕刻碑名"大晋故赠秘书兼马公神道碑"。碑身阳面用行书雕刻 3390 余字的碑文，记录了马文操的家世生平以及当朝的恩典。

石碑碑文的撰文者贾纬是五代著名史学家、《旧唐书》主要撰著者，对研究唐末、后晋的历史有重要的考古价值。碑文书丹者高廷矩已不可考，但碑文书法为行草书体，有明显的王羲之行草的特点，字体精练有章法而又不失变化，用笔遒劲，通篇文字行笔流畅、笔笔呼应连贯、一气呵成，颇得晋、唐书法之精妙。据考此碑是中国历史上最早的行书碑，历朝历代均流传着此碑的书法拓本，对后晋书法的研究有很高的价值。1982 年被河北省人民政府定为省级文物保护单位。

---

[1] 桂士辉：《大名历史编年》（上卷），大名县地方志编纂委员会，中国文史出版社，2012 年。

图 2-44 马文操神道碑
（图片来源：作者自摄）

四、大名朱熹写经碑

南宋哲学家、教育家、思想家朱熹（1130—1200）撰写经文而成，因人称之为朱子，故此碑又名"朱子太极石刻"。现存石碑为明代石刻的遗迹。

（一）碑刻历史

朱熹是自孔子、孟子以来最杰出的儒学大师，也是宋代著名的理学家。南宋乾道三年（1167），朱熹访问湖湘学派代表张栻，两位理学大师由此展开了著名的"朱张会讲"，朱熹亲自用行书字体书写《易经》的一节"太极图说"，由其弟子蔡元定刻碑，称为"朱子太极石刻"，立于常州府（今长沙）。至元延祐六年（1319）毁，原因已不可考。

明成化六年（1470 ），闽南人陈炜督学畿南时途经大名，按照考功郎杨宗器所保存的南宋石碑拓片重新翻刻"朱熹写经碑"，刻于大名府文庙学"明伦堂"大殿西山墙上。由于南宋碑刻被毁后在明成化、正德、崇祯年间均有翻刻，现分别存于河北省大名县石刻博物馆、上海市嘉定区孔庙、山西省大同市博物馆碑廊，相较而言，大名县这块保存最好、摹刻最精，为示区别，这块石碑又称为"大名朱熹写经碑"。（图 2-45）

1987 年，"大名朱熹写经碑"被移至今大名县石刻博物馆。

（二）碑刻组成

"大名朱熹写经碑"为砂石材质，无额、丰槽角基，是长方形横式石碑，碑高 1.83 米、宽 2.87 米、厚 0.3 米，总重 3.2 吨，属于体积较小的古石刻。

碑身刻行书 14 行，每行 8～12 个字，内容为《易经》"太极图说"，主要讲述阴阳八卦之理。碑文末尾有 7 行楷书，落有"朱熹书 蔡元定刻"的款识，并附有跋识。500 多年过去，这块翻刻后的石碑业已有风化和裂痕，但碑文字体依稀可见，朱子笔风犹存。

朱熹虽并不以书法著称，但作为儒学大家书法也不可小觑，明代陶宗仪《书史会要》卷三中写道："……而于翰墨亦工。善行草，尤善大字，下笔即沉着典雅，虽片缣寸楮，人争珍秘。"[1]从整体碑文中便可见朱熹的字体风格古朴、笔力遒劲，颇有气势与神韵，具有极高的书法价值与艺术价值。

1982 年被河北省人民政府公布为河北省第二批省级文物保护单位。

---

[1] 明代陶宗仪《书史会要》卷三。

图 2-45 朱熹写经碑

（图片来源：作者自摄）

五、大名罗让神道碑

大名罗让神道碑又称"罗让碑"，是位于大名县大名镇康堤口村正南20米的一处唐代石碑。唐昭宗龙纪元年(889)所立。

（一）历史渊源

据《大名县志》罗让神道碑记载："罗让，唐末人，乾符三年（876）六月十一日遘疾死于宽仁坊之私第，享年六十九岁。因其子罗宏信代乐彦祯为魏博节度使，以子贵，唐昭宗于其卒后十三年，下诏追赠为御史大夫、工省尚书。碑文主记其子罗宏信之战功业绩。"

所以说，"大名罗让神道碑"虽为唐昭宗赐罗让之碑，但实际是为了安抚其子罗宏信所赐，碑文内容也以讲述罗宏信的丰功伟绩为主。

（二）碑刻组成

大名罗让神道碑，碑体由碑首、碑身、基座三部分组成，碑总高3.2米、碑宽1.4米、碑厚0.35米，材质为青石材质。

石碑为首身一体形式，但现今碑身大部分已埋于地下，只有石碑龙首与0.5米左右碑身可见。碑首雕刻六龙戏珠图案，中间碑额分四行用篆体雕刻"唐故御史大夫赠工部尚书长沙郡罗公神道之碑"20个字，由当时文林郎、检校尚书郑褒正书写。碑身碑文已不可全见，据记载是由当朝议大夫、左散骑常侍公乘亿撰文，郑褒正书丹。

基座龟及碑身下部现埋于地下，约1.7米，具体不详。

罗让神道碑立于唐龙纪元年，从碑文可见唐晚期藩镇割据之史实，具有较高的考古研究价值。1982年被河北省人民政府公布为河北省第二批省级文物保护单位。

六、何弘敬墓志

何弘敬墓志为我国现今出土墓志铭中最大唐代墓志，1973年11月出土于大名县万堤农场墓葬群"一号墓"何氏墓内。墓志有盖均为青石质。志盖呈顶式，顶面边长0.96～1.00米，底边长1.88～1.96米，盖厚0.88米，顶面阴刻篆字"唐故魏博节度使检校太尉兼中书令赠太师庐江何公墓志铭"共25字。盖石四周围绕篆刻雕有青龙、白虎、朱雀、玄武"四灵"等浮雕，"四灵"交角处浮雕牛、马等动物，顶盖四周侧边雕刻浪花浮雕。底石四壁镌花卉、供养人等浮雕。雕刻精致，神态生动，线条流畅。志石正面阴刻楷书，志文59行3336字，记述何弘敬生平、主要战功、政绩及册封。（图2-46）（图2-47）（图2-48）

何弘敬墓志规模之大，雕刻之精美，文字之多为唐代墓志之冠。1993年9月，国家文物鉴定委员会将它定为一级文物。何弘敬墓志自1973年出土便保存在邯郸市丛台公园七贤祠内碑林的东北处。2020年6月15日，何弘敬墓志顺利回迁大名，落户石刻博物馆。

图 2-46 何弘敬墓志铭拓片

（图片来源：作者自摄）

图 2-47 何弘敬墓志盖石

（图片来源：作者自摄）

图 2-48 何弘敬墓志

（图片来源：作者自摄）

七、古树木

临漳有传说中的曹操拴马时的柏树。据农业专家鉴定，至今已有 1000 多年，该树位于临漳县习文乡靳彭村东，是株桧柏。现在树高 21 米，树冠直径 18 米，树干腹围 5.8 米，枝干挺拔，树冠苍劲，枝叶翠绿，是河北省平原地区现存最大的柏树。

另外，大名县有西街的卧龙槐，馆陶有寿山寺的唐槐等。

第七节 红色建筑

一、大名七师

1923 年，在直隶省教育厅革命教育家谢台臣的呼吁下，大名创办了"直隶省立第七师范学校"，简称大名七师，谢台臣任校长。从 1923 年建校到 1937 年停办的 15 年中，大名七师在办学的同时提倡科学与民主思想，实行教育革命。尤其是 1926 年后，随着大名县第一个共产党员冯品毅在"七师"播撒革命火种，大名七师成为直南地区重要的革命策源地，培养了大批革命青年。1937 年抗日战争爆发，学校毁于日寇的战火之中，但大名七师的革命精神永远流传。

大名七师建校伊始，暂借大名县城西街县立第一高级小学前院为临时校址，1924 年 7 月，学校由大名城内迁入北关外的新校址。1928 年 10 月，学校改名为河北省立第七师范学校。1933 年 10 月，更名为河北省立大名师范学校。1956 年 7 月，经省政府批准，河北大名师范学校在原七师旧址重建。2001 年停办。

直隶省立第七师范纪念馆（建于 1983 年）、大名县直隶省立第七师范纪念碑位于大名县大名镇京府大街（育才路）43 号河北大名师范学校院内。建筑占地面积 4221 平方米，保护范围面积 6 万余平方米，属省级爱国主义教育基地。

二、直隶省立第五女子师范学校

直隶省立第五女子师范学校始建于 1921 年，原为"大名女子师范讲习所"，1925 年正式命名为"直隶省立第五女子师范学校"，1932 年改名为"河北省省立大名女子师范学校"。[1]五女师招生范围涵盖冀鲁豫三省，致力于发展冀南女子教育，提倡男女平等。在学校的倡导下，五女师的师生们提倡社交公开，自食其力。这里成为冀鲁豫三省临界区妇女解放的策源地。随着抗日战争的爆发，1937 年，大名沦陷，五女师不复存在。

1921 年建校伊始，"大名女子师范讲习所"附设于大名城内宏济桥两级女子小学校内。1925 年由于学校扩招，"直隶省立第五女子师范学校"搬入道前街察院。1930 年、1931 年省教育厅又将归道署一部分、天雄贡院划拨给女五师使用。之后又经过多次扩改建，增建教学楼、教工宿舍楼数十间，学校大礼堂也在 1937 年正式落成。几经营建便是今天我们看到

---

[1]桂士辉：《大名历史编年》（上卷），大名县地方志编纂委员会，中国文史出版社，2012 年。

的"河北省省立大名女子师范学校"旧址了。（图2-49）

图 2-49 省立第五女子师范
（图片来源：大名同城公众号）

五女师是保存最完整的民国时期女子师范校址，原有格局未变。现存大门及两侧房屋、3排办公楼及教学楼和东部学生宿舍近百间。整体院落式布局，建筑单体均有明显的民国时期的建筑特点，青砖建造，有着古典主义的线脚装饰，造型简洁。学校虽然已不复存在，但是建筑并未荒废。1947年大名县委曾在此办公，1958年县委迁出后由大名县医院使用至20世纪70年代末。2017年11月29日大名县府城文化旅游开发有限公司本着开发历史文化节点、弘扬传统文化、推进明清古城旅游的精神，决定修复五女师的老建筑，再现当年场景。

三、郭隆真故居

郭隆真（1894—1931），原名郭淑善，化名石衫、石珊、林一、林逸。河北省大名县金滩镇人，出生于一个回族士绅家庭。郭隆真从小就崇尚自由平等、妇女解放，并一生身体力行，为宣扬自由与民主而奋斗。她是北方妇女运动的先驱者和工人运动的卓越领导人，是中国共产党早期的女革命家。1931年5月4日凌晨，她和邓恩铭等同志一起被敌人杀害，生年仅

37 岁。

在大名县金滩镇北街，清真寺旁，坐落着一处农家小院。这里就是郭隆真旧居，郭隆真年少时生活的地方，约建于清朝，自成院落，坐西朝东，占地面积 600 多平方米（原来两亩半多，两进门院落，大门外有上马石，二门为屏风，两侧有耳房，西面上房为两层楼房建筑，房顶五脊六兽，共九间，南北两侧有厢房，新中国成立后拆除，院落分家划开，20 世纪 80 年代末以来，逐步修复，并陈列了烈士生平事迹），为市重点文物保护单位。

四、范筑先纪念馆

范筑先（1881—1938），男，汉族，中国国民党党员。原名金标，又名夺魁，曾用名仙竹，今河北省邯郸市馆陶县人，著名民族英雄、抗日烈士、爱国将领。

范筑先纪念馆（图 2-50）坐落于抗日烈士范筑先将军的家乡——河北省邯郸市馆陶县。纪念馆于 1988 年 11 月 15 日也就是范筑先牺牲 50 周年时正式开馆，如今已成为经典的红色旅游点。范筑先纪念馆位于古城区楼北大街，是一处绿树掩映的仿古建筑院落。院内立有石碑和范筑先将军的雕像。它位于馆陶县城北，庭院中心有一座用白色大理石雕成的范筑先将

图 2-50　范筑先纪念馆
（图片来源：作者自摄）

军塑像，巍然屹立。今时今日，在这座专门为纪念抗日英雄范筑先将军而建的纪念馆内，尚存有范筑先及其子范树民的遗骨。在塑像下面的黑色大理石碑上，镌刻着邓小平同志亲笔题写的"民族英雄范筑先"，碑阴刻有范将军传略。纪念馆大厅里的众多图片、实物和绘画，展示了范将军光辉一生的事迹。在纪念馆大厅的两侧，还有范筑先烈士书画展和馆陶烈士纪念碑。

五、邓小平主持召开善乐营会议旧址

在大名县城东北 26 公里处有一个名为营镇的村子，是回族群众聚居区。村中有一座始建于明朝的清真寺，抗日战争期间，即 1939 年 11 月 15日邓小平在这里主持召开了一次冀南抗战反顽的重要会议，史称善乐营会议。这座清真寺建筑已作为善乐营会议的纪念会址被保护。

第八节　民居建筑

一、馆陶王占元祠堂

馆陶王占元祠堂（图 2-51）位于馆陶县县城内永济路南北大街南段路西始，建于民国时期（1915 年），属于省级文保单位，总建筑面积为 252平方米，但这些古建筑在 20 世纪时多被拆除。王占元石牌坊残留构件立柱等 8 件现在存放于馆陶县文化馆外。建筑内有碑坊、碑铭，其中文字都是当时书法家作品，如大总统徐世昌以及阎锡山、靳云鹏等，有些极具文物、艺术价值。

原祠堂建筑群为南北中轴线对称布局的三进院落，大门是一座青石牌坊，第一进院落中东西各一六棱体功德碑，第二进院落门为中轴线上的宫阙式门楼，主体建筑为中轴线上一座大型宫殿式建筑，进入第三进院落中轴线上的最北端是建于青石高台基座上的宫殿式建筑，这便是供奉宗族牌位之所。在每进院落的东西两侧是厢房、耳房及东西门。整个院落空间形制严整、序列分明、层层递进。建筑单体规格较高，规模宏大，但全部采用青砖绿瓦，低调肃穆。据说祠堂大殿在抗战时期被拆只剩下青石基座。由于各种原因王占元祠堂并未受到很好保护，部分建筑瓦顶脱落，门窗出现裂纹。祠内存石刻 70 余块，其中王占元墓碑 1 通，已断为两节，碑文由铜山张伯英撰并书。新中国成立后，馆陶县人民政府在青石台基上修建了一座灰砖红瓦建筑作为烈士祠使用。

2019年，馆陶县人民政府出资对王占元祠堂进行修缮。

图 2-51　王占元宗祠

（图片来源：https://www.sohu.com/a/342727694_260616）

二、任氏祠堂中殿

任氏祠堂（图 2-52）位于临漳县香菜营村西部，佛殿为其附属文物。任氏祠堂是一座明代祠堂建筑。据考证，香菜营任氏宗族第一代始祖任礼，原籍南京，明初随父亲迁来，行伍出身，随明成祖朱棣转战南北，屡立战功，曾任左都督、左副总兵，都指挥。正统三年（1438）被封为宁远伯。世袭官爵 13 代。村南有任礼墓，村北有五世白奶奶墓。任氏祠堂坐北朝南，东西长 9 米，南北宽 7.6 米。面阔三间，进深三间，砖木结构。硬山筒布瓦顶。明次间抬梁结构，用材不大，无彩绘。槛窗，隔扇门。

任氏祠堂内有明、清碑刻 8 通。（不包括文保所内的草书碑）

佛殿位于任氏祠堂西 20 米，坐北朝南，东西长 10 米，南北宽 6.8 米。面阔三间，进深一间，砖木结构。悬山琉璃筒布瓦顶。抬梁式结构，七架梁，现代彩绘，用材硕大。原是槛窗，现改为玻璃窗，现代门。

图 2-52　任氏祠堂中殿

（图片来源：作者自摄）

三、徐道奎祠堂

清光绪十九年(1893)，因原大名镇总兵徐道奎在大名十三年捕盗治河成绩卓著，准予其在大名府城建祠，祠堂内的"崇德报功"碑现存大名石刻博物馆。

徐道奎（？—1892），籍贯安徽合肥。淮军入沪之初骨干将领，时任江南水师潘鼎新麾下团勇，奎字营。咸丰十年（1860）任把总，同治元年至同治三年（1862—1864）经任守备、游击、参将、副将，同治三年至同治十一年（1864—1872）任总兵，同治十一年任直隶大名镇总兵。同治十三年（1874）重建水师营于三岔河口，同时命大名镇总兵徐道奎在三岔河口北岸重修炮台。山东东明《高村合龙碑》记载了光绪六年（1880）大名总镇徐道奎带领军民堵复决口的事迹。

四、美国传教士蓝万德牧师楼

位于大名府路中段路北，县委县政府大院内，始建于 1920 年前后，由美国牧师蓝万德创建基督教宣圣会，占地为 97 亩，有医院、学校及神职人员住宅楼等建筑。现保留建筑共九座，分别为宣圣会医院、蓝牧师楼、教室及宿舍等，建筑均为欧式、美式风格。2008 年 10 月，河北省人民政府公布"宣圣会旧址"为省级文物保护单位。蓝牧师楼旧址位于大名县委党校西侧，是美国基督教宣圣会的牧师蓝万德居住的别墅楼。1964 年周总理来大名视察，曾下榻于此。2016 年 3 月失火，内部木质结构被烧毁。如今外观和内部基本修复完成。

Chapter **03**

第 三 章

传 承 发 展

第一节　邯郸大运河文化带建筑遗产传统文化优势

邯郸大运河文化带有着几千年的历史，积淀了丰富多彩、独具特色的传统文化资源，其中很多都以宝贵的建筑遗产为载体默默传承着，对它们加以挖掘与利用必将使其绽放出瑰丽的光彩。

一、建安文化

建安是东汉末年汉献帝的年号，当时曹魏集团成为政治、经济及文化的主要代表，建都邺城（今临漳县西南）。在此时期文学领域除曹操父子"三曹"之外，还有七位著名的文人分别为孔融、陈琳、王粲、徐干、阮瑀、应玚和刘桢，他们基本囊括了"三曹"之外主要的文学成就，又因为这七人均死于建安时期，故称"建安七子"。以"三曹"和"建安七子"为主体的文人集团在建安时期的邺城留下了大量的诗词歌赋等文学作品，风格清俊通透、潇洒激昂。文学史上将这一时期的文学风格统称为"建安文学"，在中国文化宝库中占有极其重要的地位。所以"建安文化"便是以邺城为地域载体的"建安七子""建安文学""建安风骨"构成的文化的统称，在中国文化史上有着浓重的一笔。

建安文学系指东汉末年至三国曹魏年间由建安文学家们所创造的文学作品，是我国文学发展史上重要而深具影响的文学形式，具有丰富的文化内涵，对后世诗歌及文学创作产生了深远影响。同时围绕文学作品，这一时期也留下了大量的音乐、书法及绘画作品。

建安时期(196—220)，虽只有短短的25年时间，但是文学史上所讲的建安文学并不等同于建安时期的文学诗歌，因为建安时期是一个政治时代的标志，而建安文学则是一种特殊的文学形式、文学流派和文学盛况，它是在前代文学遗产的土壤中滋生、发展、壮大起来的。建安文学的特殊性决定了它的起止时间要有一定的前伸和后延。所以，研究建安文学的专家学者认为：建安文学就其繁荣局面来讲，并不限于这25年，而是前伸到汉献帝初平年间甚至汉灵帝末年，而后延至魏明帝统治时期。为此，专家学者将建安文学史划定为东汉末年到魏初这个时期内的文学，持续了四五十年，并将其划分为三个时期。[1]

第一时期：邺下文人集团形成之前的时期，时间大约从曹操 30 岁开始参与主要政治活动起，到赤壁之战后汉灵帝中平年间（184—189 年）至建安十三年（208）。

第二时期：邺下文人集团的形成及主要活动时期，建安十三年至建安二十五年（220）。

第三时期：魏文帝曹丕黄初元年(220 年)至魏明帝曹叡太和六年(232年）曹植去世。

建安时期的文学作品摆脱了儒家思想的束缚，注重作品本身的抒情性，以反映当时的社会动荡和抒发建功立业豪情为主要内容，有着强烈的现实意义。从作品中可以看出作者豪情万丈的同时又有壮志未酬的悲凉，以诗歌形式为主，文风疏朗，意境宏大，有着鲜明的个性特征。所以建安文学作品中透露出的理想高远、个性鲜明，同时又带有浓重悲剧色彩的特点被后人称为"建安风骨"。该时期的文学作品也呈现出建安时期政治家们满怀抱负、慷慨激昂的胸怀和文人谋士们满腹经纶渴望建功的抱负以及整个社会动荡而又充满豪情的状态。郭沫若先生精辟地说："建安文学在中国文学史上是有着划时代的表现的。"

二、都城建设文化

邯郸大运河文化带都城建设文化的核心是"六朝古都"邺城遗址。

（一）邺城发展历程

1. 苏醒于兵荒马乱的邺城

于公元前 659 年左右，齐桓公始筑邺城，先秦诸子时代典籍《管子》中《小匡》记载了管仲辅佐齐桓公成就霸业的过程，其中记载"筑五鹿、中牟、邺、盖与牡丘，以卫诸夏之地，所以示劝中国也"。这是邺城历史上最早的记述。

战国时期，魏文侯曾在此建别都，以西门豹为邺令，留下西门豹治邺的逸事。虽然邺是魏的别都，但其性质充其量只能算是军事重镇。至汉高

---

[1] 柏俊才：《建安文学史话》，社会科学文献出版社，2015 年。

祖六年（前201），漳河两岸从邯郸郡中划出，增设魏郡，治所设于邺城。东汉献帝初平四年（193），袁绍封邺侯，督冀、幽、青、并四州政事。自此，邺城开始成为一方重要的政治军事中心。

2.白沟通而邺城兴

白沟河道的开凿，与曹操对邺城的经营联系十分紧密。

"官渡之战"后，袁绍利用邺城的城防坚固、粮草充足与曹操相对峙，曹操引淇水入白沟，便于粮草从许都（今河南许昌市）通过白沟运至邺城，奠定了曹军胜利的物质基础。最终曹氏军队攻下邺城，并在公元216年定邺城为都城。定都邺城后，曹操首先大力发展交通运输业，同时对邺城进行大规模营建，二者相辅相成，互相成就。

曹操"遏淇水入白沟"，沟通了黄、淇、洹、漳四河，积极兴修水利，发展农业，使邺城一带农业生产得到迅速发展，告别了过去"白骨露于野，千里无鸡鸣"的悲惨景象。且随着以白沟为代表的漕运兴起，与其联系最为密切的造船业发展起来，更进一步促进了市场的活跃和经济社会的发展。

历史上邺城以临漳水而兴，以通白沟及利漕渠、平虏渠、白马渠、新渠、阿难渠等古运河而盛，作为六朝古都而兴盛400年。隋初，一方面由于永济渠的修凿，漕运不再经过邺城，邺城丧失了其作为交通枢纽的优势；另一方面由于军事因素邺城被杨坚下令焚毁，千年古都毁于一炬，令人扼腕，后人只能从其遗存的废墟中，窥其风貌一二。

3.三建邺城

东汉末年（191）"官渡之战"后，袁绍退守邺城，使邺城从军事功能转化为城市功能。白沟、利漕渠、阿难渠等的通航，进一步加强了邺城与外界的联系。从曹魏时期开始，邺城的大规模建设共有三次。

第一次是曹魏建设邺北城。曹操建都邺城后，以邺为"王业之本基"，开始大规模营建。邺北城"东西七里，南北五里"，为东西向的长方形轮廓，并由两层城墙将邺北城分隔为内外两城，内城四座城门，外城七座城门。当时的邺北城已具有布局严整、建筑对称、气势恢宏的特点。西晋左思曾著《魏都赋》盛赞。诗成之后，争相传抄，名噪一时，呈"洛阳纸贵"

盛况。

　　第二次营建期是十六国时期。公元 335 年，后赵石虎将都城从襄国迁至邺城，保留了原有的方网格布局，把城门和三台建筑尽"饰表以砖"，在宫殿门楼旁边增建许多楼台使宫殿更加丰富华丽，并在城墙上隔百步便加建一座箭楼以加强防御。"层甍（méng）反宇，飞檐拂云，图以丹青，色以轻素，去邺六七十里，远望苕亭，巍若仙居"便是对当时邺城景象的描述。

　　最后一次大规模营建是东魏、北齐时期的扩展。这是邺城大发展的重要时期。公元 534 年，东魏高欢立孝敬帝从洛阳迁都邺城，为了安置迁都带来的大量人口，在邺北城的基础上向南扩展，以南城墙东西为界新建邺南城，南北 8 里，东西 6 里，周围共 25 里，总占地面积 9.2 平方公里，由于在动土的过程中，掘到一只神龟，便将原筑城方案修改为龟形平面。全城南、东、西共 11 个门，南面 3 个门，正门为朱明门，东边为启夏门，西边为厚载门；东城墙有仁寿门、中阳门、上春门、昭德门 4 个门；西城墙有上秋门、西华门、乾门、纳义门 4 个门。邺南城北城墙与邺北城南城墙 3 个城门共用，实质上共 14 个门。北齐时期，高洋又大肆修建，其奢侈程度大大超过了曹魏时期和后赵时期。

　　（二）曹魏邺城的都城建设

　　邺城也称七朝古都，但曹魏营建的邺城，是邺城都城建设的开始，具有划时代的意义。都城建设既参照了洛阳古都的做法，又改善了秦汉时期空间无序的布局，初步建立了方格网对称式的城市空间布局。

　　城垣为严格的长方形，中部以一条主要干道作为城市的中轴线，连接东西两座城门，将城区分为南、北两部分。轴线以北地势较高，为"内城"，是统治阶级专用区，建设宫殿、官署和园囿；轴线以南为"外城"，是居民、商业、手工业区，轴线关系清晰、城市空间结构合理，彻底改善了宫殿与居民区混杂的状况。

　　在城市南北轴线上，曹魏营邺更是独具匠心。该轴线起始于南城垣正中的永阳门，止于北城垣的广德门，在这条轴线上，北部"内城"中最大的宫殿文昌殿坐落在轴线的北段，是曹氏父子举行朝会、大典和宴请群臣的场所；文昌殿两侧，对称地建有钟楼、鼓楼，晨钟暮鼓，缭绕回荡，体现了皇室宫廷的肃穆庄重；殿前为广场，广场外建有端门；端门位于城市正中央，东有长春门、西有延秋门，三门一线，坐落在城市东西轴线干道两侧；从端门向南看，透过宽阔平坦的城市主干道，直通南城垣的永阳门，视野开阔、清晰豁亮；从端门向北看，与文昌殿遥相呼应，宫殿巍峨，庄严对称。而以端门为承接点的连接城市南北的中轴线，北高南低，北静南动，北闭南开，北实南虚，既凸显了皇权至高无上的地位与尊严，又实现了城市两个空间和功能分区的有效衔接与融合。

邺城这种中轴对称并在轴线上利用建筑及院落空间营造"起承转合"的城市规划形制，开创了中国城建史的先河。

三、陪都文化

今天的大名县即古代的魏郡、元城、贵乡、魏州、东京兴唐府、邺都广晋府、北京大名府、京师大名府所在地，是中国大运河邯郸段的重要节点，是一座历史悠久的古城。也因此大名史上曾七为陪都，形成了特有的陪都文化。位于现大名县城东北5公里处大街乡一带的大名府故城遗址便是北宋时期的"北京大名府"遗址，也是当时都城汴梁的陪都。在2012年的大运河申报世界文化遗产预备名单中，大名府故城被列入其后续项目。

（一）大名成为陪都的历史意义

大名兴起于春秋时期，繁荣于唐宋时代，历史上曾七为陪都。直到明建文三年（1401），因漳、卫河漫溢，城废，沦为废墟。

大名故城位于今邯郸市东南大名县城，地处冀鲁豫三省交界处，春秋时期，大名便位于齐鲁、秦晋、燕赵、楚魏中心，四通八达。陆路交通西可至秦川太行，东可通东岳泰山的官驿大道，交通极其便利。水路交通又可乘古黄河、古大运河、漳河的水运之便，故有通运七省（晋、冀、鲁、豫、陕、皖、苏）、连接四省（晋、冀、鲁、豫）之称，素有"得魏州者得天下，失魏州者失天下"之说，故大名具有重要的军事地理意义。

北宋时期，东京汴梁"地平四出，诸道辐辏，南与楚境，西与韩境，北与赵境，东与齐境，无名山大川之限。无汴、蔡诸水参贯，巾车错毂，蹄踵交道，轴轳衔尾，千里不绝，四通五达之郊也。故其地利战，自古号为战场"，当时的北京大名府是最接近都城的政治、军事中心，以它为防御屏障震慑了南下的辽兵，保卫了都城的安全，控制了战略局势。北京大名府成为都城开封府的军镇型陪都。

随着大名段运河河道的变迁以及民国之后铁路交通的逐步发达，大名逐渐失去了交通枢纽的作用。由于中华人民共和国成立后省域区划的变化，大名也没有了中心城市的地位。

（二）陪都历史

1.第一次 别都（魏国·陪都）

公元前 403 年，周威烈王正式册封魏斯为诸侯，称魏文侯，其封地疆域较散，包含了今山西南部、河南中北部、陕西西部、河北南部，建都洹水(今河北魏县)。魏文侯在位期间变法图强，兴修水利，开拓疆土，使魏国成为中原的霸主。魏文侯去世后魏武侯继位，于公元前 386 年建别都（陪都）于大名，派公子姬元镇守，故大名也曾称元城，最早的元城遗址就在未城一带。陪都制度是中国特有的政治制度，用以从军事上弥补都城的缺失，配合都城的管理。作为陪都的大名以其四通八达的地理条件成为都城洹水的辅助和军事防卫。这是大名历史上第一次作为陪都而存在，这一次的陪都历史长达 161 年。

2.第二次 邺都（后唐·陪都）

同光元年（923）十月后，唐军攻取开封，灭梁，迁都洛阳。东京兴唐府降为陪都，称为邺都兴唐府。终唐一代，历经后唐庄宗、后唐明宗、后唐愍帝、后唐废帝一直为邺都。邺都遗址在今大名县大街、双台一带。

3.第三次 邺都（后晋·陪都）

后唐末帝李从珂清泰三年（936），沙陀部人石敬瑭起兵造反，后唐军兵围太原，石敬瑭向契丹求援，割让幽、涿、蓟、檀、顺、瀛、莫、蔚、朔、云、应、新、妫、儒、武、寰 16 州入于契丹，并每年献帛 30 万匹。从此，河北大平原无险可守。石敬瑭甘做"儿皇帝"，称契丹主为"父皇帝"，而被世人唾弃为汉奸、民族败类。勾结契丹贵族灭后唐，十一月十二日受契丹册封为帝，是为后晋高祖，己亥，大赦，改元，年号天福，建都汴京。天福元年（936）十二月改东京兴唐府为邺都广晋府。《册府元龟》曰："后晋高祖天福七年夏四月乙丑，敕改邺都皇城、罗城及大城诸门：改宣明门为朱凤门，武德殿为视政殿，文思殿为崇德殿，画堂为天清殿，寝殿为乾福殿，其门悉从殿名。皇城南门为乾明门，北门为元德门，东门为万春门，西门为千秋门。罗城南砖门为广运门，观音门为金明门，橙糟门为清景门，冠氏门为永芳门，朝城门为景风门。大城南门为昭明门，观音门为广义门，北河门为靖安门，魏县门为应福门，冠氏门为迎春门，朝城门为兴仁门，上斗门为延清门，下斗门为通运门。"

天福七年（942）六月，高祖石敬瑭殁于邺都保昌殿（《五代会要》）。广晋尹、齐王石重贵于枢前即帝位，是为后晋出帝（《旧五代史》卷八十）。

石重贵一即位，就力主向契丹主"称孙不称臣"，契丹主耶律德光大怒，发兵攻晋，前两次勉强击退契丹，后晋开运四年（947）正月，契丹第三次发兵，终于攻破汴京，俘虏了石重贵，后晋灭亡，后晋一朝凡11年。邺都在今大名县大街、双台一带。

4. 第四次 邺都（后汉·陪都）

刘知远，生于唐昭宗乾宁二年（895），从小为人沉稳庄重，不好嬉戏。先在李克用的养子唐明宗李嗣源部下为军卒，后晋时日渐发达。947年，刘知远为河东节度使，累封至北平王。时契丹灭后晋，刘知远看准时机，乘人民抗击契丹军时，在太原称帝，是为后汉高祖，国号大汉，建都汴京，史称后汉。定大名为陪都称邺都广晋府。次年正月，刘知远去世，其子刘承祐继位，是为隐帝。隐帝元年改邺都广晋府为邺都大名府，仍为陪都。邺都在今大名县大街、双台一带。

5. 第五次 邺都（后周·陪都）

邢州尧山（今河北隆尧）人郭威（904—954），后汉时为枢密使、邺都留守、天雄节度使，掌管全国的兵权。曾灭河中节度使李守贞，威降永兴节度使赵思绾、凤翔节度使王景崇，又移师北伐，大败契丹，战功显赫。隐帝忌惮郭威战功及威望欲灭其势力，结果反被郭威利用，于950年起兵"清君侧"。

951年，郭威称帝，国号大周，改元广顺，史称后周，是为后周太祖，建都汴京，大名仍为邺都大名府。显德元年（954）正月太祖病死，郭荣登基，是为周世宗，改元显德，下诏：罢邺都为大名府（《邯郸历史大事编年》）。邺都在今大名县大街、双台一带。

6.第六次　北京（北宋·陪都）

宋仁宗赵祯庆历二年（1042），契丹集重兵于幽、蓟，辽兵一路南侵，声言南下攻宋，仁宗召集东京文武官员紧急商讨对策。官员中有三派不同意见：一是逃跑派，主张避开契丹锋芒迁京都到洛阳；二是主和派，主张派员向契丹求和、割地、赔款；三是吕夷简主张迎敌北上，建大名为北京，敌若南犯，就御驾北京，亲自指挥抗战。他说："契丹欺软怕硬，你越向他示弱，他越欺负你；你越敢于和他战斗，他就越怯你；你越向他求和，他要求的条件越苛刻；如迁都洛阳，他得以渡过黄河，到那个时候，我们的城墙再高，池水再深，也就无济于事了。"宋仁宗采纳了吕夷简的主张，遂于庆历二年五月把大名建为陪都，定名"北京"。大名府从此经济繁荣起来，名人辈出。大名府成为真正意义上的大城市。

《宋史·地理志》曰："出内库钱十万，大修行宫，三省六部一应俱全，略如东京开封。魏县地称为京郊。京城周长四十八里二百零六步，门十七，宫城周长三里一百九十八步，原为宋真宗驻跸行宫。宫城南三门：中为顺豫门，东为省风门，西为展义门。东一门，为东安门。西一门，为西安门。顺豫门内东西各一门，为左、右保成门。次北班瑞殿，殿前东西门二：东为凝祥门，西为丽泽门。殿东南时巡殿门，次北时巡殿，次靖方殿，次庆宁殿。时巡殿前东西门二：东为景清门，西为景和门。外城亦称罗城，周四十八里二百六步。南面有三道门，名为南河、南砖、鼓角门；北面两门，名为北河和北砖门；东面两门，为冠氏和朝城门；西面两门，为魏县和观音门；还有上水关和下水关。熙宁九年（1076），改正南南河门为景风门，南砖门为亨嘉门，鼓角门为阜昌门。正北北河门为安平门，北砖门为耀德门。正东冠氏门为华景门，冠氏第二重门为春祺门，子城东门为泰通门。正西魏县门为宝成门，魏县第二重门为利和门，子城西门为宣泽门。东南朝城门为安流门，朝城第二重门为巽齐门。西南观音门为安正门，观音第二重门为静方门。上水关为善利，下水关为永济。内城创置北门为靖武门。元丰七年，废善利、永济关。"

《大名县志》载："外城周四十八里二百有六步，南面三门：正南曰南河，东曰南砖，西曰鼓角；北面二门：正北曰北河，其西曰北砖；东面二门：正东曰冠氏，东南曰朝城；西面二门：正西曰魏县，西南曰观音。又上水关曰善利，下水关曰永济。"

当时，北京位于河北平原主要交通线御河东岸（北宋时御河尚在城西），处于南北水陆交通要冲，为河北重镇。至宋钦宗靖康二年（1127）二月，北宋灭亡止，北京一名在大名延用了86年。北京在今大名县大街、双台一带。

7. 第七次 北都（大齐·陪都）

大齐阜昌三年也就是宋绍兴二年（1132）四月五日迁都东京（今开封），改名汴京，东平府改为东京，北京大名府改号北都。刘豫当子皇帝共八年，其中以大名做国都三年，大名改名北都，又做副都六年（阜昌三年四月五日前国都在大名，所以大名占三个年头，四月五日后大名改成副都，又占六个年头，中间一年两头都算，两者相加实为八年）。至此，北京一名又用了三个年头。从庆历二年（1042）大名建号北京始，至阜昌三年（1132年）改名北都止，北京一名前后陆续用了91年。

刘豫配合金兵攻宋，屡为韩世忠、岳飞所败。宋高宗赵构于绍兴七年（1137）十月被废黜，改封为蜀王；绍兴十一年（1141），金庭赐刘豫钱1万贯，田50顷，牛50头；绍兴十二年（1142年）再改封为曹王，迁居临潢（今内蒙古巴林左旗附近），绍兴十三年（1143）六月死在流放地（《宋史·叛臣上》、《金史》卷四）。齐都北都在今大名县大街、双台一带。

金以后，元、明、清、中华民国时期，大名县漕运仍较繁荣。据民国大名县志记载，明清时期大名县境内仍有庙镇庄、曹道口、赵家站等8处渡口。另有金滩镇码头、冠厂等码头。同时，据民国二十三年版大名县商业志载，运煤小船一百二三十只，其容量大者每只十万斤，次者七八万斤，小者三四万斤。虽然大名再没有做过国都或陪都，但作为御河、卫河边的重镇，一直是元代大名路总督府、明代大名府、清代三省总督府、直隶省省会和民国大名道、大名专区、大名市的驻地。但随着运河的取直改道和

1906 年京汉铁路的通车、营运，大名已丧失了区位优势和交通枢纽的地位。目前为邯郸市下辖的一个县城。

（三）古大名城的城市布局与形态

古魏郡、元城、贵乡、魏州和大名府的治所在今大名县大街村一带，历史上曾多次修建，时间达千年之久，特别是唐宋时期曾三次为都，七次为陪都，"宫城（内城）周长三里一百九十八步，有八门；外城（罗城）周长四十八里二百零六步，有十八门""其势略如都城"，是当时闻名的大都会之一。宋真宗谒大名曰："实当河麓，席盈之懿北，冠千里之上腴，隐亚然北门，壮我中华"，在我国古代城市发展史上占有重要的地位。但是，由于在明建文三年（1401）漳、卫河水齐发，水位高于城墙，水淤泥土一丈余深，使这座历经九个朝代，长达 1000 多年的古城破圮于水。现在的东门口、铁窗口、南门口、北门口四村就是当时的四门，以现在的大街村为中心的许多村庄，就是宋代大名府中的腹地。

大名作为运河边上的一座古城，虽然早在春秋时期已开始筑城，但其规模很小。直到隋朝永济渠修通后才发展起来，是一座名副其实的"运河通城市兴""运河漕运繁忙，城市繁荣"的古代城市的典型代表。大名府城地面现存断壁残垣周长为 42 里，与史载大致相符。但是，当时的大名府城的城市形态并不是邺城之后中国城市通常所见的四周比较规整的正方形，而是南北两面明显外突成曲状的近似正方形。学者认为，这东南、西北两面的外突，应是魏博节度使乐彦祯拓展大名府城墙时形成的。如果从后东门口南至范庄，西至沙村堤，北至铁窗口复直后，与红寺周边的北城垣相连，仍然是一个较规整的正方形，这可能是魏博节度使乐彦祯拓展大名府前的城池形态。其作为城市，建设规格、宫廷布局、街区规划都是较为规范，并符合传统建制的。

四、藩镇割据文化

藩镇割据指某些藩镇的将领拥兵自重，在军事、财政、人事方面不完全受中央政府控制的局面。

（一）唐朝魏博藩镇

"安史之乱"爆发后，为了平定叛军，军镇制度扩展到了内地，最重要的州设立节度使，指挥几个州的军事；较次要的州设立防御使或团练使，以扼守军事要地。于是，各地出现不少节度使、防御使、团练使等大小军镇。后来扩充到全国。

唐朝魏博节度使，是唐朝设置的管辖魏州、博州、相州、贝州、卫州、澶州六州（包括今河北邯郸市大名县、魏县、临漳县、馆陶县境内一带）的节度使，从唐末到五代割据一方。

田承嗣（705—779），原为安禄山麾下干将，平定安史之乱的过程中以魏州降唐立下大功。763 年唐代宗为笼络北方势力，对安史旧部既往不咎，在魏州建魏博镇，封田承嗣为首任魏博节度使。田承嗣行藩人自治地方政权，起藩镇割据之始，开始了田氏家族 62 年的世袭魏博节度使的历史。

田弘正（764—821），是田承嗣孙田季安的辅臣，公元 812 年任魏博节度使，在任期间崇尚忠孝节义，举六州之地归顺朝廷，结束了魏博的藩镇割据局面。

1. 藩镇割据历史

公元 763 年，田承嗣任首任魏博节度使，仍统领安史旧部。田承嗣武将出身，不习礼教，虽对上表示归顺朝廷，但暗中积攒力量图谋。在任期间，自行委任官吏，户籍、税赋不贡奉朝廷，并擅自修缮甲兵，兵力大增。公元 775 年率兵叛唐失败后，公元 777 年复任魏博节度使，依然故我，奉朝廷而不用其法令，唐代宗也无力制约，只能靠屡屡加官进爵以示拉拢，反而使其羽翼更丰，一时间雄霸一方，名为藩臣实为异域，形成典型的藩镇割据的局面。

公元 779 年田承嗣死后，其侄田悦继位魏博节度使，开了藩镇世袭的先例，从此更是国中之国。田悦初任时假意恭顺，暗自勾结幽州、成德节度使于公元 781 年起兵反叛，次年朱滔于魏县称王，田悦也自称魏王，改魏州为大名府，这也使大名府因此而得名。后由于粮草不支，朝廷又多加笼络，田悦再次归顺。

公元 784 年，田承嗣之六子田绪杀田悦继位魏博节度使。其好酒色、残忍暴虐，在任期间杀伐无度，于公元 796 年暴死。其子田季安继任。其间，田季安依然与朝廷呈分庭抗礼之势，无太大波澜。

公元812年，田季安病逝，由于其在任时不喜纳谏颇失民心，而时任魏博御史中丞的沂国公田兴（后名田弘正）数次规劝颇得军心，故被推任为魏博节度使。此前，从763年—812年的四世田氏藩镇均不服朝廷管教，而田弘正却向朝廷献上六州之地，第一次祈待朝廷进行官员任命以示归顺，并协助朝廷讨伐叛乱，藩镇之乱平。

2. 藩镇割据的文化特征

唐朝"安史之乱"平定之后，为了安抚与统治而留下大量藩镇，但藩镇割据的现象主要出现在河朔三镇，而魏博又是三镇之首。魏博藩镇割据文化的主要特征有：其一，藩镇起因是唐朝的军镇扩张，安史之乱以后军镇扩张延伸至内地，为笼络北方势力，河朔三镇节度使不但担任军事职务，同时兼任了地方长官之职。而河北地区胡化较为集中，骁勇善战，导致其自治化较高，脱离朝廷管理而形成藩镇割据。其二，魏博藩镇长达49年的世袭制度导致地方势力紧密度较高，地方制度延续性强，朝廷集权很难介入和管理，易于形成藩镇割据。其三，魏博由于长期的藩镇割据导致长年征战与动荡，以致这里的百姓生活动荡不堪，但也恰恰由于长期的藩镇割据，地方统治不受朝廷的限制，不上缴赋税等使地方力量增长迅速。其四，田弘正的继任打破了49年的世袭制，其归顺又结束了魏博长达67年的藩镇割据，实现了唐朝的第一次统一，有着重要的历史意义。

（二）后唐之都魏州

公元881年，黄巢农民军攻破长安，唐朝中央政权被打破，全国出现诸多割据力量，晋王李克用灭农民军后为河东节度使退守河东发展势力。同时，各地的藩镇纷纷呈割据之势，唐朝灭亡进入纷争的五代十国时期。

公元908年，晋王李克用去世，其子李存勖继位之后，首先平息了叔叔李克宁的叛乱并大败梁军。随后，又趁后梁政变易主之机夺下魏州，自此后梁黄河以北的疆土被李存勖收入囊中。公元923年，李存勖在魏州称帝，国号大唐，建都魏州（包括今邯郸大名、馆陶、魏县区域），改魏州为东京兴唐府。

同年十月，李存勖用短短七天渡过黄河夺取汴州灭梁。十二月后，唐迁都洛阳，东京兴唐府成为陪都。并大施德政"乃下令国中，禁盗贼，恤孤寡，征隐逸，止贪暴，峻堤防，宽狱讼"，奠定了得成霸业的政治与军事基础。至此，中原无中央政权，李存勖割据一方成为当时最强盛的割据政权。

五、碑刻文化

碑刻文化是我国传统文化中的一种特殊形式，其具有补史证史的功能。在邯郸市运河流域碑刻众多，是运河流域沧桑历史的见证。据不完全统计，仅大名县就多达200余个，其数量之多、规制之高、规模之大、雕刻之精美在运河流域也不多见，堪称"之最"。

为此，该县建有一座占地4万多平方米的石刻博物馆，位于大名县城东3.5公里处的大名府故城遗址内，以碑刻、墓志、石雕为主。其中，何弘敬墓志铭为我国唐代墓志碑刻之冠，五礼记碑是目前我国保存最完整的第一大古碑。马文超神道碑开创行书碑文之先河，书法价值极高。馆陶县在运河博物馆也设有一个碑刻展厅，其中有许多碑刻都记载了运河流经的时间路径和当时的风俗风情。可以说，碑刻文化是研究运河文化不可或缺的史料。

六、红色文化

红色文化在邯郸大运河文化带有着深远的影响。从革命初期的策源地大名七师、直隶女五师，到抗战时期的抗日根据地，再到著名的善乐营会议，以及从这里走出的范筑先、郭隆真等革命家，都表示运河河畔不但承载着古代历史文化，同时也是红色革命的摇篮。

（一）抗日根据地的创建与发展

抗日战争时期，邯郸市运河流域作为晋冀鲁豫边区的一部分，在此地建有兵工厂、印刷厂等，被誉为"小太行"。

1937年冬，大名被日军侵占，作为中共大名县委主要负责人之一的解蕴山同志（1905—1943年），曾两次派王纪明同志到清丰联系王从吾同志，秘密组织朱振武民团，组建了大（名）、广（平）、馆（陶）边区抗日救国会，进行剿匪与抗日救亡活动。

1938 年春，朱振英民团、田境红枪会帮助当地百姓驱赶匪患、抵抗日寇，深得民心，并于当年在共产党的领导下，以民团为基础，按照八路军的编制成立了大名县的第一支抗日武装大队——大名县第四区抗日游击大队。

1940 年初，大名县抗日武装积极配合主力部队作战，巩固了冀鲁豫边区抗日根据地，也稳定了大名县境内的抗日局势。随后成立了以解蕴山为县长的"大名县抗日民主政府"。

（二）抗日民族英雄范筑先

范筑先（1881—1938），男，汉族，中国国民党党员，河北省邯郸市馆陶县人，著名的民族英雄、抗日烈士、爱国将领。2014 年作为邯郸市唯一人选被列入全国第一批 300 名著名抗日英烈和英雄群体名录，其灵柩安葬于邯郸市晋冀鲁豫烈士陵园。

清光绪七年十二月十二日（1881 年 12 月 12 日），范筑先（原名金标，又名夺魁，曾用名仙竹）出生于山东省馆陶县南彦寺村。1904 年，馆陶县卫河河水泛滥成灾，时值清政府扩充北洋军，23 岁的范金标从军，加入北洋军。

1913 年，随着二次革命的失败，范金标辞去当时第 8 旅旅长的职务，重新思索，寻找一条新的振兴国家之路。1926 年，范金标复出进入冯玉祥的西北军任高级参议、汉中镇守使署参赞。为了表达革命的决心，改名为"筑先"，取"筑路先锋"之意。

经过几年的军旅生涯，范筑先开始从事政府工作。1933 年 10 月，范筑先又被任为临沂县县长。到任后，他断案公允，处处正身率下。在任期间，范筑先禁烟禁赌，整顿吏治，惩恶扬善，并且推行重新申报土地、调整税赋、修建公共设施等措施，短短两年便稳定了秩序，深受各阶层民众的拥戴。1936 年 7 月，范筑先调离临沂，再次出任沂水县县长。1937 年，日军进犯，范筑先担任山东省第六区游击司令员，组织当地百姓建立抗日武装部队，并与共产党联合，领导并建立了鲁西北抗日根据地，共抗外敌。同时，组织成立 20 多个县级抗日政权，举办干部训练班，组建抗战群众团体，出版了《山东人》《抗战日报》等抗日刊物，大大巩固了鲁西北的抗日防线。

抗战期间，范筑先身先士卒，多次带领部队冲锋杀敌、歼灭日军武装。1938年11月，由于叛徒的出卖，范筑先为了保卫聊城身负重伤，不甘受辱自杀殉国。

（三）革命教育家谢台臣

著名的早期革命教育家谢台臣，1884年出生于今河南濮阳，受着晚清的旧式教育，18岁考中晚清旧式秀才，但21岁的谢台臣在直隶省保定高等师范学校就读期间接受了先进的教育理念，为他后来宣扬新文化、新思想奠定了基础。谢台臣师范毕业后在大名、保定、天津等地中学任教。1923年夏，谢台臣被直隶省教育厅派遣到大名，创办省立第七师范学校。他在任教、办学过程中一直致力于教育革新，宣扬科学和民主。任大名七师校长期间，他坚持"以作为学"的教育理念，提出"凡是称得起科学的理论，通通是作的经验的结晶，同时，又是推进作的经验发展的动力"的辩证关系。通过种植和养殖、兴办小工厂等实践活动贯彻"以作为学"的精神，教育学生将理论与实践相结合，使学生学到务实的科学与技能。

在办学时，谢台臣深受进步思想的影响，于1927年春加入了中国共产党。他在大名七师建立了以王振华、晁哲甫等为代表的进步教师队伍。在实施"以作为学"的过程中，谢台臣强调要让学生接触最新的进步思想，他废弃旧的教材，选用鲁迅、高尔基、李大钊等人的作品，引进进步期刊。他重视给学生灌输最新的革命理念与思想。因此，大名第七师范学校也成为当地革命的摇篮和"冀南党的策源地"。他终生为党工作，即使曾经被误解并被不公平对待，直全1936年逝世，享年52岁。

（四）中共早期革命活动家郭隆真

河北省第一个女共产党员郭隆真（1894—1931）是金滩镇金北村人，中国共产党早期的女革命家、北方妇女运动的先驱者和工人运动、学生运动的卓越领导人，1931年在济南千佛山被韩复渠枪杀。在郭隆真的故乡金滩镇，至今仍有郭隆真生长、成长的历史遗存。

1894年，郭隆真（原名郭淑善）出生于一个开明士绅家庭，从小跟随父亲郭荣桂读书。1909年，15岁的她便创办了元城县（后并入大名县）

第一女子学堂，该校是大名县历史上也是河北省农村的第一所女子学校。

1913—1920 年期间，郭隆真在天津直隶第一女师就读期间结识了刘清扬、邓颖超等人，接受了进步思想并致力于妇女解放事业。后郭隆真同周恩来、张若名等人一起赴法求学。29 岁那年郭隆真加入了中国共产党。次年，她受组织派遣到苏联莫斯科东方大学学习。一年以后郭隆真回国开始中国共产党的地下工作。在此期间，她先后创办了《妇女之友》和《缦云女校》，逐渐成长为一位优秀的妇女运动领导人。

1925 年到 1930 年期间，郭隆真先后在北京、上海、东北、山东开展工作，领导学生运动与工人运动，并创办《红旗报》《海光报》等革命刊物。11 月，郭隆真第五次被捕，关押在济南第一监狱。1931 年春，韩复榘亲自审讯，郭隆真受尽严刑拷打但宁死不屈，最终她和邓恩铭等同志被杀害，时年 37 岁。

（五）善乐营会议

在大名县城东北 26 公里处有一个叫营镇的村子，是回族群众聚居区。村中有一个始建于明朝的清真寺，据该寺老阿訇说，1939 年，邓小平在这里主持召开了一次冀南抗战反顽的重要会议，史称善乐营会议（当时营镇称善乐营）。

1939 年，我党在大名一带初步建立了抗日根据地，构筑抗日堡垒。此时，抗日战争进入相持阶段，日军对国民党政府改用"以政治诱降为主，军事打击为辅"的政策，调动 80% 以上侵华日军的兵力集结于华北，重点对付在敌后的共产党八路军，大规模"扫荡"我抗日根据地。

当时大名所处的冀南平原，以及与之毗邻的鲁西平原，只剩下地方武装，面对敌、伪、顽三股反动势力，处境危难。在这种严峻的抗战局势下，我党决定在冀南召开一次抗日反顽会议，分析形势，研究对策。

1939 年 11 月初，冀南军区派人到广平县找到县委书记栗汇川、县长王玉修，商定在平固店村的崇福寺筹备一个三四百人参加的大型冀南抗日反顽会议。会务准备工作一切就绪，与会同志有的已经报到，得到日寇增兵广平欲大举扫荡的情报，会议地址临时改为位于广平县东南方向 50 公里的大名县善乐营村清真寺。

善乐营村地处两省（河北、山东）三县（河北大名县、馆陶县，山东冠县）交界，距离日军占领的大名县城有40公里之遥。该村西面有卫河，是天然的防御屏障，东面紧邻京开公路（今天的106国道），且东部广大地区是比较稳固的抗日根据地，遇到紧急情况时便于迅速撤离。

1939年11月15日，在大名县善乐营清真寺院内，冀南、直南、鲁西北三地区的部分县的县委书记、县长以及各部队的团级以上干部有三四百人集聚这里，参加冀南地方党政军领导干部大会，会期两天。

会议由冀南区党委书记宋任穷主持，一二九师首长邓小平同志传达了中共中央《关于反对投降主义的指示》精神，以及党中央、毛主席对抗战形势的分析和对敌斗争的方针、政策、任务，同时分析了冀南革命斗争形势，揭露国民党反共投敌的阴谋，号召做好战争的各项准备动员工作，加强对敌人的斗争，巩固和扩大抗日根据地。

这次会议对当时冀鲁豫边区党的建设，对军队的整顿、发展、壮大，对发动群众深入开展减租减息，建立健全基层群众组织，以及各项战争动员工作，起到了关键作用，特别是决定做好发起卫东战役（卫河以东地区，卫河穿流大名县境）的准备工作。

（六）治水专家王化云

王化云（1908—1992），馆陶人，1938年加入中国共产党。王化云原本所学的是法律专业，但他从1946年任冀鲁豫区黄河水利委员会主任时，便致力于治理黄河的工作。他在工作中潜心钻研，提出了"除害兴利、综合利用""宽河固堤""蓄水拦沙""上拦下排"等非常有效的治理黄河措施。他既是治理黄河的管理者也是治理黄河的专家，他见证了我国人民治理黄河事业从初创到辉煌的曲折历程。

七、民族宗教文化

邯郸大运河历史上屡经变迁，东汉末期称白沟，隋唐时期以永济渠、御水、淇水互称，宋、金、元时期多称御河，明清时期称卫河，今称卫运河或漳卫运河。

随着运河的通航，运河流域的交通、经济往来、文化交流日渐便利与频繁，大量不同的思想意识形态涌现，使大运河文化带有独特的宗教文化。

天主教、基督教、佛教、伊斯兰教、道教五大宗教兼收并蓄，和谐相处。

邯郸大运河文化带上的重要节点——大名，历史上曾长期是政治、经济、文化区域中心，有着便利的水陆交通，这里聚集了各领域的精英翘楚。道教、佛教、基督教、天主教、伊斯兰教都在大名建立了自己的宗教建制并与当地文化相融，达成了独有的五大宗教的共存共荣局面。

第一，佛教寺院在县内分布众多、香火旺盛，尤其是唐代兴建的兴化寺，是临济宗的祖庭，每年有韩国、日本的信众前来礼佛。另有普照寺、压沙寺规模颇大，影响深远。第二，道教在民间也颇为盛行，比较有名的东土山、天佑宫等道教场所活动频繁，吸引八方信众。第三，从 19 世纪末开始，作为冀鲁豫一带主教区的大名县，涌入了大量天主教、基督教的传教士，教徒数量迅速增长，形成很有规模的基督教文化，建于当时的大名天主教堂至今保存完好并且还在使用。第四，大名的少数民族中占人口组成第一的回族带来了繁盛的伊斯兰文化，以金北村元代清真寺、营镇清真寺等为代表的伊斯兰教建筑数量繁多，颇具规模。除此之外，大名作为历史上的行政中心，各种民间及意识形态也兼容并蓄，不但以统治阶级为主的儒家思想盛行，还出现过文庙、城隍庙、关帝庙共存的景象。

八、诗词歌赋

（一）与古白沟、永济渠、御河、卫河、卫运河有关的诗文

运河的开航，不但大大发展了航运交通，也带来了运河沿岸经济、文化的繁荣发展，聚集了大量的文人雅客，借景咏怀，产生了大量的文学作品。

1. 例如：曹魏时期曹丕所作《清河作》《清河见挽船士新婚与妻别作》都是以运河为背景的作品。

《清河作》

魏·曹丕

方舟戏长水，湛澹自浮沉。

弦歌发中流，悲响有余音。

音声入君怀，凄怆伤人心。

心伤安所念，但愿恩情深。

愿为晨风鸟，双飞翔北林。

《清河见挽船士新婚与妻别作》[1]

魏·曹丕

与君结新婚，宿昔当别离。

凉风动秋草，蟋蟀鸣相随。

冽冽寒蝉吟，蝉吟抱枯枝。

枯枝时飞扬，身体忽迁移。

不悲身迁移，但惜岁月驰。

岁月无穷极，会合安可知。

愿为双黄鹄，比翼戏清池。

2.例如：唐宋时期李白的《魏郡别苏明府因北游》、司马光的《韩魏公祠记》、王安石的《白沟行》等，或描写运河的美丽风光，或借景怀古感叹古时运河的繁华。

《送虞城刘明府谒魏郡苗太守》[2]

唐·高适

天官苍生望，出入承明庐。肃肃领旧藩，皇皇降玺书。

茂宰多感激，良将复吹嘘。永怀一言合，谁谓千里疏。

对酒忽命驾，兹情何起予。炎天益如火，极目无行车。

长路出雷泽，浮云归孟诸。魏郡十万家，歌钟喧里闾。

传道贤君至，闭关常晏如。君将把高论，定是问樵渔。

今日逢明圣，吾为陶隐居。

---

[1] 孙明君：《三曹诗选》，中华书局，2005 年。

[2] 《全唐诗》，卷 212-3。

《馆陶李丞旧居》[1]

唐·皇甫冉

盛名天下挹余芳，弃置终身不拜郎。

词藻世传平子赋，园林人比郑公乡。

门前坠叶浮秋水，篱外寒皋带夕阳。

日日青松成古木，只应来者为心伤。

《韩魏公祠记》[2]

宋·司马光

没而祠之，礼也。由汉以来，牧守有惠政于民者，民或为立生祠，虽非先王之制，皆发于人之去思，亦不可废也。然年时浸远，人浸忘之。惟唐狄梁公为魏州刺史，属契丹寇河北，梁公省彻战守之备，抚绥凋弊之民，民安而虏自退，魏人祠之，至今血食。

熙宁初，河北水溢，地大震，官寺民居荡覆者大半。诏以淮南节度使、司徒兼侍中韩魏公为河北安抚使，判大名兼北京留守。公既爱民如爱子，治民如治家，去其疾忘己之疾；闵其劳忘己之劳。未几，居者以安，流者以还，饥者以充，乏者以足。群心既和，岁则屡丰。在魏五年，徙判相州，魏人泣涕遮止数日，乃得去，魏人思公而不得见也，相与立祠于熙宁禅院，塑公像而事之。后二年，公薨于相州，魏人闻之，争奔走哭祠下，云合而雷动，连日乃稍息。自是，每岁公生及违世之日，皆来致祠作佛事，未尝稍懈。

噫！公之德及一方，功施一时者，魏人固知之矣。至于德及海内，功施后世者，亦尝知之乎？公为宰相十年，当仁宗之末，英宗之初，朝廷多故，公临大节，处危疑，苟利国家，知无不为，若湍水之赴深壑，无所疑惮。或谏曰："公所为如是诚善，万一蹉跌，岂惟身不自保，恐家无处所，殆非明哲之所尚也。"公叹曰："此何言也？凡为人臣者尽力以事君，死生

---

[1]《全唐诗》，卷250-66。

[2] 司马光撰写，蔡襄正写成书的作品，刻于安阳韩魏公祠石碑之上，收藏于河南省安阳市。

以之，顾事之是非何如耳。至于成败，天也，岂可豫忧其不成，遂辍不为哉？"闻者愧服其忠勇如此，故能光辅三后，大济艰难，使中外之人餔啜嬉游自若，曾无惊视倾听窃语之警，坐置天下于太宁，公之力也。

呜呼！公与狄梁公皆有惠政于魏，故魏人祠之。然其为远近所尊慕，年时虽远而不毁，非有大功于社稷，为神祇所相佑，能如是乎？况梁公之功显，天下皆知之；魏公之功隐，天下或未能尽知也。然则魏公不又贤乎？宜其与梁公之祠并立于魏，享祀无穷。

公薨后九年，魏人以状抵西京，俾光为记，将刻于石。窃惟梁公之二记，乃李邕、冯宿之文，光实何人，敢不自量？顾魏人之美意不可抑，又欲以其所未知者谂之，故不敢辞。

《白沟行》[1]

宋·王安石

白沟河边蕃塞地，送迎蕃使年年事。

蕃马常来射狐兔，汉兵不道传烽燧。

万里锄耰接塞垣，幽燕桑叶暗川原。

棘门灞上徒儿戏，李牧廉颇莫更论。

《发馆陶》

宋·王安石

促辔数残更，似闻鸡一鸣。

春风马上梦，沙路月中行。

笳鼓远多思，衣裘寒始轻。

稍知田父稳，灯火闻柴荆。

《永济道中寄诸舅弟》

宋·王安石

灯火匆匆出馆陶，回看永济日初高。

[1] 王安石：《王安石集》，凤凰出版社，2014年。

似闻空舍乌乌乐，更觉荒陂人马劳。

客路光阴真弃置，春风边塞只萧骚。

辛夷树下乌塘尾，把手何时得汝曹。

3. 例如：明清时期李养正的《过大名故城》，既缅怀了当年繁华的大名故城，也描述了当时运河的烟波美景。

《过大名故城》

明·李养正

立马荒原四望赊，夕阳片片缀残霞。

烟浮野墅人家少，河绕空城柳岸斜。

霜落堤穿狐卧窟，雨晴滩湿雁依沙。

行人莫听三更笛，吹尽当时满眼花。

（二）在大运河畔生活过的历史名人诗文

东汉末年，"三曹"和"建安七子"为主体的文人集团于建安时期在邺城留下了大量的诗词歌赋等文学作品，风格清俊通透、潇洒激昂，孕育出了文学史上璀璨的"建安文学"。

《蒿里行》[1]

魏·曹操

关东有义士，兴兵讨群凶。

初期会盟津，乃心在咸阳。

军合力不齐，踌躇而雁行。

势利使人争，嗣还自相戕。

淮南弟称号，刻玺于北方。

铠甲生虮虱，万姓以死亡。

白骨露于野，千里无鸡鸣。

生民百遗一，念之断人肠。

---

[1] 乔红霞：《浅析曹操〈蒿里行〉一诗产生的背景》，《河洛春秋》，2000 年。

《苦寒行》[1]

魏·曹操

北上太行山，艰哉何巍巍！

羊肠坂诘屈，车轮为之摧。

树木何萧瑟，北风声正悲。

熊罴对我蹲，虎豹夹路啼。

溪谷少人民，雪落何霏霏！

延颈长叹息，远行多所怀。

我心何怫郁，思欲一东归。

水深桥梁绝，中路正徘徊。

迷惑失故路，薄暮无宿栖。

行行日已远，人马同时饥。

担囊行取薪，斧冰持作糜。

悲彼《东山》诗，悠悠令我哀。

《登台赋》[2]

魏·曹植

从明后而嬉游兮，聊登台以娱情。见太府之广开兮，观圣德之所营。建高殿之嵯峨兮，浮双阙乎太清。立冲天之华观兮，连飞阁乎西城。临漳川之长流兮，望园果之滋荣。立双台于左右兮，有玉龙与金凤。连二桥于东西兮，若长空之蝃蝀。俯皇都之宏丽兮，瞰云霞之浮动。欣群才之来萃兮，协飞熊之吉梦。仰春风之和穆兮，听百鸟之悲鸣。天功恒其既立兮，家愿得而获逞。扬仁化于宇内兮，尽肃恭于上京。虽桓文之为盛兮，岂足方乎圣明。休矣美矣！惠泽远扬。翼佐我皇家兮，宁彼四方。同天地之矩量兮，齐日月之辉光。永贵尊而无极兮，等年寿于东王。

---

[1] 杨建波，夏晓鸣：《大学语文》，武汉大学出版社，2009 年。

[2] 龚克昌，周广璜，苏瑞隆：《全三国赋评注》，齐鲁书社，2013 年。

《洛神赋》[1]

魏·曹植

黄初三年，余朝京师，还济洛川。古人有言：斯水之神，名曰宓妃。感宋玉对楚王神女之事，遂作斯赋。其辞曰：

余从京域，言归东藩，背伊阙，越轘辕，经通谷，陵景山。日既西倾，车殆马烦。尔乃税驾乎蘅皋，秣驷乎芝田，容与乎阳林，流眄乎洛川。于是精移神骇，忽焉思散。俯则未察，仰以殊观。睹一丽人，于岩之畔。乃援御者而告之曰："尔有觌于彼者乎？彼何人斯？若此之艳也！"御者对曰："臣闻河洛之神，名曰宓妃，然则君王之所见也，无乃是乎！其状若何？臣愿闻之。"

余告之曰：其形也，翩若惊鸿，婉若游龙。荣曜秋菊，华茂春松。髣髴兮若轻云之蔽月，飘飖兮若流风之回雪。远而望之，皎若太阳升朝霞；迫而察之，灼若芙蕖出渌波。秾纤得中，修短合度。肩若削成，腰如约素。延颈秀项，皓质呈露，芳泽无加，铅华不御。云髻峨峨，修眉联娟。丹唇外朗，皓齿内鲜。明眸善睐，靥辅承权。瑰姿艳逸，仪静体闲。柔情绰态，媚于语言。奇服旷世，骨像应图。披罗衣之璀粲兮，珥瑶碧之华琚。戴金翠之首饰，缀明珠以耀躯。践远游之文履，曳雾绡之轻裾。微幽兰之芳蔼兮，步踟蹰于山隅。

于是忽焉纵体，以遨以嬉。左倚采旄，右荫桂旗。攘皓腕于神浒兮，采湍濑之玄芝。余情悦其淑美兮，心振荡而不怡。无良媒以接欢兮，托微波而通辞。愿诚素之先达兮，解玉佩而要之。嗟佳人之信修兮，羌习礼而明诗。抗琼珶以和予兮，指潜渊而为期。执眷眷之款实兮，惧斯灵之我欺。感交甫之弃言兮，怅犹豫而狐疑。收和颜而静志兮，申礼防以自持。

于是洛灵感焉，徙倚彷徨。神光离合，乍阴乍阳。竦轻躯以鹤立，若将飞而未翔。践椒途之郁烈，步蘅薄而流芳。超长吟以永慕兮，声哀厉而弥长。尔乃众灵杂沓，命俦啸侣。或戏清流，或翔神渚，或采明珠，或拾翠羽。从南湘之二妃，携汉滨之游女。叹匏瓜之无匹，咏牵牛之独处。扬轻袿之猗靡兮，翳修袖以延伫。体迅飞凫，飘忽若神。凌波微步，罗袜生

---

[1] 陈宏天，赵福海：《昭明文选译注》，吉林文史出版社，1987年。

尘。动无常则，若危若安；进止难期，若往若还。转眄流精，光润玉颜。含辞未吐，气若幽兰。华容婀娜，令我忘餐。

于是屏翳收风，川后静波。冯夷鸣鼓，女娲清歌。腾文鱼以警乘，鸣玉鸾以偕逝。六龙俨其齐首，载云车之容裔。鲸鲵踊而夹毂，水禽翔而为卫。

于是越北沚，过南冈，纡素领，回清扬。动朱唇以徐言，陈交接之大纲。恨人神之道殊兮，怨盛年之莫当。抗罗袂以掩涕兮，泪流襟之浪浪。悼良会之永绝兮，哀一逝而异乡。无微情以效爱兮，献江南之明珰。虽潜处于太阴，长寄心于君王。忽不悟其所舍，怅神宵而蔽光。

于是背下陵高，足往神留。遗情想像，顾望怀愁。冀灵体之复形，御轻舟而上溯。浮长川而忘反，思绵绵而增慕。夜耿耿而不寐，沾繁霜而至曙。命仆夫而就驾，吾将归乎东路。揽騑辔以抗策，怅盘桓而不能去。

九、乡土文化

大运河邯郸段流域造就了丰富多彩的乡土民俗文化。运河哺育了邯郸人民，也孕育了丰厚的运河文化和非物质文化遗产，并且具有多元包容、开放易传播、增强凝聚力的特征。其中，有流传甚广的民间谚语和船工号子，有脍炙人口的民间故事，有独特的民风民俗，有凸显地方特色的传统工艺。它们都是当地先民的智慧结晶，是华夏文明的见证，是民族精神与情感的载体，也是中华民族多元文化的重要组成部分，对中华民族文化的形成和发展起着重要的推动作用，具有很高的文化价值。

例如，"庙会"就是邯郸运河流域非常有代表性、群众喜闻乐见的民俗文化。"庙会"也称"过庙"，在河北省各地的名称不尽相同，乡村多称为"赶庙""赶会"，城镇则常称为"上庙""上会"。民间庙会常常是百姓进行商业交易、聚众娱乐的活动，为了便于进行，需要有交通便利、空间较为开敞的场所，于是常常固定在交通要道或衙门附近，形成了固定的交易场所。到了南北朝时期，佛教兴盛，庙宇成为人们主要的文化活动中心，商人们便利用寺庙活动场所进行兜售牟利，逐渐形成以寺庙为中心进行交易活动的"庙会"。

冀南"过庙"的习惯不仅由来已久，而且甚为普遍。早期庙会除了商业和娱乐活动外，由于在庙宇内举办，还包括一些带有宗教或封建色彩的祭祀、祈福、驱魔等活动。发展至今，庙会已并不拘泥于庙宇场所，通常会在村口等交通要道，百姓们售卖一些手工艺品和当地小吃，进行一些城乡之间的物资交易。并且通常会结合一些节庆活动表演地方民间艺术，例如踩高跷、跑旱船等。百姓们常常举家出行，作为劳作多日的放松和家庭娱乐的活动。庙会既进行了物资交易，又丰富了群众文化生活。

十、梨乡水城文化

梨乡水城，是指河北省邯郸市魏县。

（一）"梨乡水城"概念的产生

"遏淇水入于白沟，以通粮道。"（《三国志·魏书》）故《水经注》曰："淇水东过内黄县为白沟，故魏人称以上为淇水，以下为白沟，魏县境内称为白沟。"白沟水道经今河南滑县、浚县、内黄县西北与洹水汇合后向东北流，在今卫河以西入魏县境，经今南坡头，康疃南、旧魏县北和魏、南、连、任四个户村中间、野胡拐西、路固南、岸上村，至大斜街分为南北两道，南道经沙疙瘩与北道合，而后向东经牛庄、大屯二村中间，经南北拐中间向东出魏县境，经今大名界流向馆陶、威县、清河。这就是汉魏故道。

自隋炀帝开凿大运河后，魏县境内的白沟已改称"永济渠"，后又更名"御河"。据考证，当时御河由河南内黄县西北入魏县境，在今旧魏县（古洹水镇）北折而向东，沿今漳河故道，经魏县南而向东北出魏县境，入大名境转东北流。这就是隋唐故道，也是境内最长的运河故道。

元代，大运河改道，不再经过魏县。但其原有河道依然相通，且保留下来，几经变迁，成为现代注入南运河的卫河。

明代以来，由于漳河改道南迁，卫河曾多次由北向南迁移。清代中期，卫河又南迁。据清考辨大师崔述《御河水道考》载："卫河自内黄县菜园村东流，在张二庄村南入魏县境，东北流经军寨村北、留固村西、中烟村东、田教村西、长兴村西、长兴村东，又经楼底村、寺南村、楼寺头村东，旦疃村出境，东入大名界。"从上述记载看，御河在清代已迁至魏境南部。

民国时期，卫河再次南迁至魏县南端。卫河魏县段作为水运干道，曾是中国古代大运河的重要组成部分。

除了历史悠久的运河古道和丰富的水资源外，魏县自古盛产鸭梨，早在北宋时期就有鸭梨种植的记载，今天的魏县县城还保留着全国规模最大的古梨树群，依然枝繁叶茂，每年梨花如雪、果实清甜。目前，鸭梨已是魏县的特色作物，清甜爽口，享誉内外。近年，魏县又开发了生态梨树，已拥有20万亩生态梨园，每年吸引远近大量游客观花品果，梨文化底蕴深厚。

魏县依托得天独厚的水资源，鼎力打造魅力"水城"。整修并完善生态水系，开挖疏浚了10条河湖，湖湖相连，河河贯通，形成点线面空间相结合的水城网系。同时，以水系为载体营建丰富的绿化体系，并与城中丰富的梨园相结合，又形成了梨园广场、滨河线形绿化带等空间丰富的绿化网系。每到春天，千树万树梨花开，雪白的梨花倒映在水中，水中有梨、梨中有水，相得益彰。到了收获的季节，鸭梨又成为魏县的主要产出，创造出极高的经济价值。这种将景观、产品、文化、旅游完美结合的方式，形成了独树一帜的"梨乡水城"文化。

（二）梨乡水城形制

魏县于2008年着力打造"城在林中，水绕城通"的新县城，创造性地提出了"梨乡水城"这一词。利用旧渠改造，改建水利，形成了环绕式的"护城河"，更加形象地展示了龟驼城的传说；借每年的"梨花节"推广宣传，新增改建多处景点，使魏县这个"鸭梨之乡"更具特色。梨乡水城已经逐渐被广大人民认可，成为一个颇具代表性的旅游城市。

第二节　邯郸大运河文化带建筑遗产地区的文化特色推广

一、文化旅游产业带

文化旅游是指参与者对一定地域旅游资源文化内涵的体验过程，通过这种体验了解一个地方的自然、人文、历史景观，从而丰富阅历、获取快乐。文化旅游中，文化是灵魂，包括历史遗迹、建筑、民族艺术、宗教等内容；旅游则是文化发展的途径，通过旅游者的体验发展地方经济及文化传播；而以文化内涵为主导的旅游景点便是文化旅游载体。那么，以历史文化、旅游体验、旅游载体为中心的相关产业便是文化旅游产业，涵盖范围很广。

目前，运河文化产业带建设已经上升为国家战略，邯郸大运河文化产业带需要以大运河邯郸段为主线，以发展全域旅游为目标，明确"一轴、五区、二古城、多节点"的空间布局进行整体规划与系统设计。同时，进行资源整合，从"保护、传承、利用"三个层面进行资本融合与市场拓展，打造一条高度融合的文化旅游产业带。

（一）整体规划、系统设计，完善邯郸大运河文化旅游产业带

通过对邯郸大运河文化带历史文化资源及建筑遗产的梳理与研究，确定"时间为轴，运河为线"的景观理念与秩序，从整体到局部、从系统到节点进行旅游景点的打造、旅游产业的发展。

邯郸大运河文化带囊括了从春秋到近代2000多年的历史信息及遗迹，在设计规划旅游景观的过程中，以历史信息及现存建筑遗产的时间轴以及建筑遗产的保护价值为主导，打造"过去""现在""未来"的景观板块，以"保护""传承""利用"为手段，通过建筑遗产的原真性感受历史，通过依托建筑遗产打造的优美环境传承历史、珍惜现在，通过以历史文化为内涵的延展设计和商业产出而不忘历史、展望未来。

邯郸大运河文化旅游的产业空间布局可以以运河为流线，结合各地特色文化与精品景点设置空间节点，营造流线清晰、主次分明、张弛有度的空间布局，设计更为系列化、更具个性的旅游产品。

邯郸大运河文化旅游产业带应结合历史人文遗迹、宜人自然景观、产业经济效益多方面因素，完善产业结构，展现一条历史与现代和谐共存、经济与文化相辅相成、生态与发展齐头并进的邯郸大运河文化旅游产业带。

（二）依托建筑遗产，打造特色旅游品牌

诠释运河文化，凸显地方特色，创造有个性的旅游产品，一要讲好邯郸故事，二要创建运河文化旅游品牌。

1. 创建运河文化旅游品牌

深入挖掘运河文化内涵，依托邯郸大运河建筑遗产、历史文化名城名镇名村、传统村落、生态湿地、特色优势产业等资源，推动运河景观、生态、文化融合重组、历史文脉的挖掘转化、局部建筑遗产价值的放大增值。开发以特色文化旅游产品为中心的旅游相关产业，完善旅游基础设施和配套公共服务设施，打造邯郸大运河文化旅游带。

2. 古城遗址品牌

以大名古城与邺城古都为重点，深入挖掘古城遗址文化的历史内涵，开发历史调研、文化体验、教育研学等业态和产品，打造"大名故城博物园"、扩展"邺城博物馆"、创"运河故城博物馆"品牌。同时，完善古城及周边自然景观、文化旅游基础设施和公共服务设施，建设运河古城旅游风景道。

3. 梨乡水城休闲品牌

推进"鸭梨+文旅"融合发展，推动梨园文化体验、休闲度假产品开发，将梨园赏花、鸭梨种植、田间管理、采摘、品鉴、产品定制、推广营销等融入文化旅游产品建设和宣传营销全过程，推进鸭梨文化旅游产业一体化进程。同时，利用水城水网打造观光水道，助力"梨乡水城"建设，打造四季皆宜、独具魅力的梨园休闲旅游目的地。

4. 运河红色主题品牌

以邯郸早期红色革命为重点，深度挖掘红色文化遗产精神内涵和时代价值，大力提升"大名七师""大名女五师""郭隆真故居"等红色遗产与文化的影响力。以红色文化体验教育为主旨，培育红色小镇、红色乡村、红色教育基地等产品，并将其融入邯郸现有的红色旅游架构，加强邯郸红色旅游的全域性。

5. 碑刻书法研习品牌

以大名石刻博物馆为主，整合邯郸运河文化带的碑刻艺术与历史，发掘其碑刻及书法艺术的内涵，开发以研学体验为主题的旅游业态。

6. 休闲度假与研学旅行品牌

抓住休闲度假和研学旅行两大热点，结合运河文化创建传统旅游项目之外的新型业态，科学规划，引进品牌企业，开发古城探秘、建筑研学、水镇休闲、宗教文化认知、农业体验营、房车基地等项目。充分利用邯郸运河文化带的都城文化、宗教文化、红色文化、碑刻文化、运河水文文化等丰富的研学资源，高标准打造一批知名研学旅行基地。

（三）整合资本、活化产业结构、创新营销方式

首先，推动全社会的参与，整合一切可以整合的资本。创新并提高政府引导和监管作用与水平；增强教育界、金融界、学术界等的参与度与配合度，以不同形式的资本投入文化旅游产业建设；引进大型文化旅游企业注资参与，支持中小微文化旅游企业发展，打造产业集群，创新产品开发及商业模式，激发市场活力；加强文旅宣传，增强民众的参与意识，提高形象素质。

其次，活化文化旅游产业结构，创造多样质优的文化旅游产品，改传统门票经济为多元产业经济。推进旅游餐饮多元化，发展地方特色、品牌连锁、高端精品多模式，提高对不同圈层的适应性；旅游住宿多元化，打造星级饭店、主题酒店、度假酒店，鼓励建设野奢酒店、精品民宿、自驾车房车营地等多元化的住宿类型；旅游客运多样化，提供私家车、私人定制、旅游团、研学营等多种客运线路与服务，提高接待能力和水准；旅游产品多元化，创新"文旅+"模式，打造商业历史街区、旅游观演、休闲度假、商务拓展、研学体验、养老疗养等多种旅游业态。提升旅游产业的适游性，适应全天候、全季节、全人群的旅游需求，形成文化推广、生态建设与经济发展的良性平衡。

最后，创新营销方式，倡导全媒体营销。从内容上将地方民俗与文旅活动相结合、将历史文化与文创产品相结合、将建筑遗产与文旅展示相结合，从手段上与各种公众平台、自媒体平台相结合，构建传统媒体、主流媒体、新兴媒体、自媒体等相结合的宣传营销体系，提升宣传营销效果。

二、文化创意产业园

邯郸运河文化带上有着丰富的文化资源，包括多处建筑遗迹与物质遗存，同时还有各具特色的蕴含地方文化的非物质文化。以此为依托，在邯郸运河文化带上建立特色文化创意产业园，既可以系统有规模地推广地方

文化，增强文化带对外界的吸引力，又可以成为邯郸运河文化旅游带的重要节点，同时给地方带来更大的经济效益。

（一）文创园区的定位多元化

文化创意产业园是一系列与文化关联的、产业规模集聚的特定地理区域，是具有鲜明文化形象并对外界产生一定吸引力的集生产、交易、休闲、居住于一体的多功能园区。

第一，邯郸运河文化创意园首先可通过提炼运河文化设计与生产相关文创产品，发展设计公司与生产产业的合作和系统发展；第二，可结合文创产业发展交易、教育、体验、休闲产业，营造多功能、多元化的产业结构和多样的经营模式，使企业焕发活力，具有更大的吸引力；第三，建立运河文化博物馆，系统总结、提炼、展示邯郸运河文化带的文化特征、历史遗存，推广文化的同时也提高文创产品的可识别性和可接受度；第四，营造优美的园区环境，通过明确的分区建立酒店区域，增加园区作为旅游景点的可行性，延长对运河文化的体验时间，提高园区的休闲性与舒适度。

（二）文创园区选址的遗址化

文创园区的选址应该与运河文化带的建筑遗产相结合，利用旧空间及环境进行活化改造与再利用，开办特色小店诠释休闲方式、依托建筑遗产布置室外展场及艺术观演活动、开展多样市集拓展商业吸引力。通过旧建筑讲述历史故事，通过艺术工作室推广地方文创产品，通过创意休闲小店刺激消费与娱乐，同时通过文创园区的创意表现对文化带建筑遗产或保护、或传承、或利用。

例如，大名县城的大量较零散的民国时期的宗教建筑遗产便可以经过整合加以利用。

（三）完善园区准入机制，推动园区的原创竞争力，构建创意产业链条

文创园区要加强入驻品牌及企业的审批机制，强调其产品表现、运营模式和设计理念的多元性、创新性以及与文化遗产的结合性，使文化推广及商业运作良好结合。支持原创设计，使文创园区具有鲜明的地方特色与文化形象。在引进的同时更要"走出去"，融入周边商业发展，从创作、

制造、流通到消费端等所有方面，构建完整的创意产业链，实现工作、居住、休闲的多功能融合，生产、生活和生态有机结合的可持续性发展的园区环境。

（四）创新营销模式，建立新型文创园区推广平台

在文创产品的营销和文创园区的服务、推广方面也应创新，实行线上线下全方位、多媒体的营销策略。首先，线下可以结合地方民俗节庆活动，在文创园区举办如沙龙、展演、庙会等活动；其次，文创产品工艺与当地手工艺相结合形成体验式经营模式；最后，利用"互联网+文创园区"模式，建立线上推广与服务平台，通过网站、APP、公众号、自媒体等多种形式，相互结合提升宣传营销效果，实现效益与艺术共存。

（五）转变政府职能，改进文创园区管理体制

在文创园区的管理上应实行公私协力、政企互动的管理模式。政府职能需以服务文创园区为主。首先，积极提供园区基础设施，营造完善的园区环境与氛围，种下梧桐树，引来金凤凰；其次，从政策上给入驻企业提供租税优惠并在发展初期提供资金支持，以确保园区产业链走上正轨；最后，通过产学政的结合培育创意人才、提供技术支持。从生产、营销、研发等不同角度来促进文创产业园区的发展，从而回报社会，形成良性循环，带动地方经济。

三、相关特色产品生产基地

邯郸运河文化带需要发展地方特色产品才能具备地方核心竞争力，为推广地方历史文化、更好地保护文化遗产提供良性的资金支持与技术支持，实现文化与经济的共同繁荣。

今天的商品价值已经不仅仅是由商品的使用功能来决定的，商品的营销也不仅仅是以追求盈利为目的，而是注重商品的内涵设计并追求使用者的情感体验及其可持续性。所以，今天的特色商品的定位和设计需要与地方历史、文化、情怀相结合，对接市场，深入挖掘研究市场关注点、产品营销方式、产品的可体验性及使用场景以及产品的可延展空间及可持续性，立足核心文化资源，寻求多元载体，并延伸出无限生长点。

对邯郸运河文化带可对应的产品生产设计，可以从以下几点出发：

1. 围绕当地的物产资源，结合文创设计，设计相关产品及可衍生的推广活动及相关产业链。例如魏县鸭梨，可衍生果脯、果酱、果酒等多种产品，可举办赏花节、授粉节、采摘节、品尝等相关活动，可设计相关 Logo、包装、饰品、服装等，让产品相互呼应，相互营销。

2. 挖掘地方文化，围绕文化资源确定产品设计定位，并设计实施生态景观，形成一体化设计。例如，大名石刻博物馆，可根据当地碑刻文化设计以书法、雕刻、拓片等为主题的相关产品，设计其操作方式与体验活动，并与文物遗迹、历史故事相结合营造风景园区。

3. 挖掘地方品牌产品，与当地文化相结合，唤起人们对文化的情怀，找到情感与商业的结合点，将品牌做大，并设计衍生产品。例如，馆陶的特色产业"一白二黑一黄"，其中黑陶产业是馆陶自古就有的，其"馆陶"之名即来源于此，但对这一点的推广与宣传力度还远远不够。可以用文化宣传、工艺推广、建博物园区，发展研学体验并利用黑陶的特殊工艺及色彩进行其他文创产品的设计等方式将其做大做强。

（4）从邯郸运河文化带建筑遗产的保护及传承出发，寻找能够与其搭配或融合的商业模式以建立一种可持续性的创新性。例如，大名著名的天主教堂，其规模、地位及形制都是非常有影响力的，可以其为中心进行历史街区的设计，营造创意街区，提供多种休闲经营模式。

第三节　讲好运河建筑遗产的文化故事

一、与建筑遗产有关的先贤达人文化故事

邯郸大运河流域自古以来就钟灵毓秀、人文荟萃，孕育了西晋著名文学家、考古学家束皙，大唐名相魏徵，唐朝名将、诗人郭震，宋代谏官"殿上虎"刘安世等许多历史名人。仅大名一地就涌现出"一帝"（王莽）、"二后"（汉元帝王皇后、明嘉靖陈皇后）、"三阁老"（黄立极、成基命、成克巩），其中唐代姜师度、宋代王沿等还是治理河道、发展航运的历史名人；也有近代抗日英雄范筑先，中共早期革命活动家郭隆真，黄河水利委员会第一任主任、现代治水名人王化云，一代歌后邓丽君等。同时，作为北方的政治、军事中心和重要地区，各朝也有不少有才能的官员和名人，

如汉末曹操、大名的四大名相(狄仁杰、韩琦、寇准、包拯)、宋代宗泽等在此任职,留下了一代佳话。下面以西门豹、曹操与"建安七子"等为例简述之。

（一）西门豹治邺

战国时期,西门豹曾任邺令。到任后,他智除当地欺压百姓的巫女士绅,革除弊端,破除迷信思想。为治理漳河水患,西门豹发动老百姓开凿12条大渠,把漳河水引到田里,灌溉庄稼,从此,漳河两岸年年丰收。

（二）鬼谷子与其学生

鬼谷子,姓王名诩,又名王禅,号玄微子。战国显赫人物,华夏族,额前四颗肉痣,呈鬼宿之象。战国魏国邺地（河北临漳）人,著名的思想家、军事家,自称鬼谷先生。"王禅老祖"是后人对鬼谷子的称呼,为老学五派之一。他通天彻地,智慧卓绝,人不能及。一曰数学,日星象纬,在其掌中,占往察来,言无不验;二曰兵学,六韬三略,变化无穷,布阵行兵,鬼神不测;三曰言学,广记多闻,明理审势,出词吐辩,万口莫当;四曰出世,修身养性,祛病延年,服食导引,平地飞升。2000多年来,兵法家尊他为圣人,纵横家尊他为始祖,算命占卜的尊他为祖师爷,谋略家尊他为谋圣,名家尊他为师祖。

孙膑:《孙子兵法》的作者孙武的后人,也是鬼谷子诸多弟子中有巨大成就者,是杰出的军事家和谋略家。他主张要谨慎地对待战争、摸清战争的规律,在战术战略上均有自己独到的理论与方法。他的著作《孙膑兵法》位列公认"兵法之首"的《孙子兵法》之次。围魏救赵、田忌赛马的典故,主角就是孙膑,可见他的出众才能。

毛遂:他曾是战国赵平原君赵胜的食客。公元前258年,秦国攻赵国邯郸,赵王遣平原君赴楚求救,毛遂自荐随之。到了楚国,平原君跟楚王谈了一个上午都没有结果,毛遂挺身而出,陈述利害,以凌厉有力的言辞说服楚王派春申君领兵救赵。成语"毛遂自荐"即出于此。

苏秦、张仪:他们是战国时期著名的政治家及外交家,皆师从鬼谷子。苏秦研究合纵连横的战术,到六国游说合纵六国共抗强秦,最终成功合纵拜相,当时苏秦一人配六国相印,辉煌一时。而张仪则是苏秦合纵连横斗争中的对手，拜秦国相，提出以连横之术对抗合纵。太史公评价他们，"此两人真倾危之士！" 20世纪初德国著名史学家、社会政治学家施宾格勒，在其《西方的没落》中写道："苏秦、张仪他们两人也像当时大多数的政治领袖一样，都是鬼谷子的学生。鬼谷子的察人之明，对历史可能性的洞察以及对当时外交技巧的掌握，必然使他成为当时最有影响的人物之一。"

（三）曹操与邺城、建安文学

"官渡之战"后，曹操开挖白沟，南北运输贯通，大量军事物资源源不断运至邺城以东地区，奠定了曹军胜利的物质基础，最终曹氏军队攻下邺城，并据为都城。

东汉建安年间，邺城作为曹操统一北方的根据地，为经营邺城，曹操"遏淇水入白沟"，沟通了黄、淇、洹、漳四河，积极兴修水利，发展农业，使邺城一带的农业生产得到了迅速发展，告别过去"白骨露于野，千里无鸡鸣"的悲惨景象。随着以白沟为代表的漕运的兴起，与其最为密切的造船业发达了起来，更进一步促进了市场的活跃和经济社会的发展。邺城的多次兴建所用的大量建筑材料便是经白沟运输而来的。

邺城是邺下文人集团的聚集地，故邺城被专家学者誉为建安文学的发祥地。

建安九年(204)，曹操攻下邺城，以邺城为大本营。建安十年(205)，曹操消灭袁谭，占领冀州，逐渐统一北方。建安十三年（208)赤壁之战后，三国鼎立之势已定，各国都在积极恢复生产。曹操亦集中精力发展经济，巩固北方的统一，也为统一全国做准备。这时候的社会环境相对比较稳定，物质生活也比较富裕。建安十五年(210)，曹操在邺城西北隅建铜雀台，修筑铜雀苑，有了著名的游乐场所。在邺地推行"屯田制"，经济迅速得到了恢复和发展。有的地方甚至出现了"鸡鸣达四境，黍稷盈原畴。馆宅充廛里。士女满庄馗"的一片生机景象。曹操又发"求贤令"，这个时期，许多文人陆续来到曹操身边，形成了一个庞大的邺下文人集团。应该说，建安文学在邺城的诞生，是曹操的文学情怀及重文尚武的结果。南北朝时文学评论家刘勰的著作《文心雕龙·时序》中写道："魏武以相王之尊，雅爱诗章；文帝以副君之重，妙善辞赋，陈思以公子之豪，下笔琳琅，并体貌英逸，故俊才云蒸。"

（四）邺城建安文学代表人物

邺城建安文学代表人物除曹操外，主要有：

曹丕（187—226），字子桓，操之长子（也说次子），操卒，嗣为丞相、魏王。建安末，接受献帝禅位赋百余篇。少时，通读古今经传，诸子百家。又喜爱骑马射箭，能舞一手好剑，是建安时期邺下文人集团的领袖之一，与建安文人相处得很好。他倡导了文学批评，公正地指出建安时期各个作家的作品特征。他的《典论·论文》是早期的文学批评专著。

曹植（192—232），字子建，操之次子（也说三子），封陈王。十岁善属文，援笔立成，甚为曹操所爱。文帝曹丕素忌其才，欲害之，令作诗限七步，于是作《七步诗》，流传古今。曹丕建魏，其希望能够得到重用，终不能得，怅然绝望，遂发疾卒，谥思，世称陈思王。植文才富艳，谢灵运曾言："天下文章共一石，子建独得八斗。"有《曹子建集》传世。

王粲（177—217），字仲宣，兖州山阳高平（今山东邹县）人，出身于东汉的上层官僚之家，曾祖王龚顺帝时官至太尉，祖父王畅灵帝时官至司空，都曾位列三公。父亲王谦是大将军何进的长史。王粲少年时为大文学家蔡邕所器重，博物多识，善属文，蔡邕见而奇之。王粲被称为"建安七子"之首，文学成就最高。他以诗赋见长，《初征》《登楼赋》《槐赋》《七哀诗》等是其作品的精华，也是建安时代抒情小赋和诗的代表作。

蔡琰，汉魏间女诗人，字文姬，又作昭姬，陈留郡圉县（今河南杞县）人，生卒年不详。著名文学家蔡邕的女儿。她自幼博学多才，好文辞，又精于音律。初嫁河东卫仲道，夫亡无子，归母家。汉末天下大乱，董卓入据洛阳，她起先被董卓军强迫西迁长安，接着又在兴平二年（195）被南匈奴军所虏，在匈奴度过 12 年，生有二子。建安十二年（207），曹操遣使者持金璧去南匈奴赎回蔡琰。蔡琰回到中原后，又重嫁屯田都尉董祀。曾回忆缮写亡父作品 400 余篇。蔡琰今存作品相传有五言《悲愤诗》及骚体各一篇，又有《胡笳十八拍》。但考证存疑。

钟繇（151—230），字元常，颍川长社（今河南长葛）人。东汉末年举孝廉，除尚书郎、阳陵令，后辟三府为廷尉、正黄门侍郎，后因护汉献帝出长安有功，拜御史中承，迁侍中尚书仆射，封东武亭侯。在曹操的保举下，持节督关中。建安五年（200）支援曹操在官渡打败袁绍。魏国初建时与大华教、司空王郎并称三公，为魏开国名臣。明帝即位，进封定陵侯，迁太傅，后人称钟太傅。太和四年（230），繇卒。明帝素服临吊，谥成侯。钟繇工书，先随刘德升入抱犊山学书三年。又以曹喜、蔡邕为师，吸收各家之长，工正、隶、行、草八分，尤长于正、隶，他实际上是楷书定型的奠基者。他在书法艺术上作出了继往开来的贡献。南朝宋羊欣云："钟有三体，一曰铭石书，最妙者也；二曰章程书，世传秘书、教小学者也；三曰行押书，相闻者也。三法皆世人所善。"梁武帝称赞其书："如云鹄游天，群鸿戏海，行间茂密，实亦难过。"南朝梁庾肩吾《书品》将钟书列为上上，并云："钟书天然第一，工夫次之。妙尽许昌之碑，穷极邺下之牍。"张怀瑾《书断》云："太博虽习曹、蔡隶法，艺过于师，青出于蓝，独探神妙。"又云："真书古雅，道合神明，则元常第一。"又云："真书绝世，刚柔备焉。点画之间，多有异趣。可谓幽深无际，古雅有余，秦、汉以来，一人而已。虽古之善政遗爱，结于人心，未足多也。尚德哉若人！"《宣和书谱》称钟繇的《贺克捷表》为"正书之祖"。其他书迹尚有《宣示表》《荐季直表》《力命表》《上遵号奏》《魏受禅表》等。

（五）唐朝将作大匠姜师度

姜师度（653—723），唐代魏州魏县（今河北大名县）人。官至将作大匠（官名，主要主持宫室、宗庙、陵寝及其他土木营造）。他热衷于水利，为官一地，治水一方，享有"一心穿地"的美誉。

公元713年至719年，姜师度在陕州发明了利用滑槽进行粮食装船的方法，非常巧妙，省力且效率高。在华阴（今属陕西）利用敷水渠泄洪治理水患。在郑县（今陕西华县）疏导了两条旧渠。一条在县境西南，引乔谷水，名利俗渠；另一条在县境东南，引小敷谷水，名罗文渠，均用于灌田。在今山西蒲州开凿引水沟，治理盐池。在今陕西大荔开凿引水渠，修黄河堤坝，变2000顷瘠薄弃地为上等田。同时，设立屯田点十多处，种植水稻，"收获万计"，受到玄宗皇帝的褒奖，赏赐丝绸300匹，并被提升为将作大匠。嗣后，他又在长安城内开渠引水，满足了城市供水和航运需求。

（六）运河岸边的"龟驮城"——魏县城

上古时期，传说美丽富饶的魏县城被一只万年鳖精占领，施法作恶，导致魏县大旱三年，颗粒无收。老百姓便向上苍祷告，祈求神助。天帝派其子天龙到人间惩戒鳖精，鳖精伺机报复，施法水淹魏县城，眼看便要毁于水患，天龙的弟弟神龟下得凡来钻到魏县城下，以一己之力托起了魏县城，使县城恢复了往日的盛景，百姓也从此安居乐业。自此，魏县城便得天龙与神龟庇佑，人杰地灵、名人辈出，有西汉司隶校尉盖宽饶、北宋开国名将潘美、唐剡国公张公瑾等。尤其到了明朝，因在朝做官的人多而有"魏半朝"的传说。魏县城也因有神龟相托而水涨城涨，再也没有受过水患侵扰。后有歹人为了破坏魏县风水在县城四角钻了四口大井，而这四口大井恰好钉在了神龟的四爪上。到了清朝中朝，漳河发大水，由于神龟被锁，四爪动弹不得，驮不起城，致使魏县城被洪水淹没。

当然，这都是民间的传说故事，但也充分表现了魏县与运河的密切关系，以及把魏县城建成龟形的美好意向，这也是邯郸大运河流域出现多个"龟背城"的缘由。

二、与建筑遗产有关的优秀传统理念与智慧

邯郸大运河文化带以其建筑遗产为载体，有着独具特色的运河文化，展现了凝聚数千年文明的中国优秀传统理念与智慧。现举例如下：

（一）天人合一、物我一体、师法自然、和谐共生的生态环境营建理念。

邺城营建，遵循"凡立国都，非于大山之下，必于广川之上。高毋近旱而水用足，下毋近水而沟防省。因天材，就地利"的城市选址原则。曹魏邺城建都之前的引淇水入白沟，使城池高而水足。建都后，修堤坝，挖沟渠，"沟防省"的同时还改善了农业的灌溉环境，因天材而就地利。邺城这样的营建，其实与中国特有的生态环境营建理念息息相关。

直至今日，挖掘中国传统特有的生态环境营建理念的深刻内涵，仍有着非常重要的现实意义。

（二）开创中轴对称、规划严谨、功能分区明确的都城布局新型制。

邺城作为三国曹魏、十六国后赵、冉魏、前燕，北朝东魏、北齐"六朝古都"，是我国早期的运河城市之一，兴于东汉末期曹操开挖白沟之后，终于隋朝前期，400余年间，一直是北方政治、军事、经济、文化中心。在城市营建上，邺城是我国曹魏时期到南北朝时期都城建设的典范，其城市选址、空间布局、建筑都有巨大成就。

在城市选址方面，邺城遵循天人合一、师法自然、和谐共生的生态理念，居高台、建沟渠，达到生态环境与城市经营的高度通体。

城市空间布局方面，它前承秦汉，后启隋唐，第一次对整座都城统一规划中轴线的布局，作为城市骨架的邺城的道路系统完全体现出受儒家文化思想的影响，经纬龙骨，严谨方正，级别分明。邺城的规划继承了战国时期以宫城为中心的规划思想，改进了汉代长安宫城与闾里相参、布局松散的状况，是一个功能分区明确、结构严谨的城市，主要道路正对城门，干道丁字形相交于宫门前，把中国古代一般建筑群的中轴线对称的布局手法扩大应用到整个城市。这种布局形式对此后的都城规划，如"隋唐长安城""渤海上京龙泉府、日本的平城京（今奈良西）、平安京（今京都）""明清北京城的规划"，都有很大影响，在中国古代的城市规划史上有着重要的意义。

在城市建筑方面，邺城的建筑类型多样，宫殿台榭、楼阁观堂、园囿园阙，数量多、规模大，技术和艺术水平独具特色。尤其是邺城的园囿建设，造型精美且环境优雅，是我国古代都城建筑中的经典之作。

（三）顺应交通与商业集散功能需求，创新以运河桥市为中心的城市新形态。

为什么大名府故城城市形态由比较规整的正方形变为曲状不规整的近似正方形呢？除了受军事防御思想的驱使外，主要受永济渠漕运对城市发展布局的影响。这从城南两座城门分别叫"广运门"和"登漕门"即可得到印证。同时，在《大名县志》上也有大名府城的正南门叫"南河门"，北门叫"北河门"的记载。故而可知永济渠的开通、漕运的兴旺，对周围城市的吸引力大大增强，这使围绕漕运而兴起的交易活动和服务业发展很快。而原来在城池中以官衙为中心的空间布局给商业与服务业提供的发展空间很小。因此，在交通和商业集散功能的刺激下，导致他们纷纷向运河岸边靠拢。特别是魏州刺史卢辉徙永济渠引水绕城后，在原来的城池外"夹水制楼百余间"，外来的、本地的商贾之家纷纷在此开设店铺、建立货栈，在原来的古城之外又形成了新的商业街巷和商业城区。因此，乐彦祯在拓展大名府时，率先突破了严格的、封闭的、整齐划一的礼制城市规划制度的束缚，"约河口旧堤"而筑罗城。"约"为屈曲状，因此，当时的城市顺从"河口旧堤"而建，已不是原来规整的正方形，出现了符合市场需要的、有别于传统的新的城市形态。这种新的城市形态，一是表现在"市"对城市发展的形态变化起到了拉动作用，二是表现在"市"在整个城市空间布局中所占的份额越来越大。大名府出现的以运河桥市为中心形成的城市形态，不仅是运河沿岸城市发展态势研究的重要内容，而且在我国古代城市发展史上还具有划时代的意义。今后，随着大名府古城的考古挖掘，大名府城在我国古代城市发展史上的地位和影响一定会标榜于世。

（四）关心民生疾苦，胸怀建功立业抱负的建安风骨。

建安时期的文学作品摆脱了儒家思想的束缚，注重作品本身的抒情性，以反映当时的社会动荡和抒发建功立业豪情为主要内容，有着很强的现实意义。从那时的作品中可以看出，作者豪情万丈的同时又有壮志未酬的悲凉，以诗歌形式为主，文风疏朗，意境宏大，又有着很强的个性特征。所以，建安文学作品中透露出的理想高远、个性强烈，同时又带有浓重悲剧色彩的特点被后人称为"建安风骨"，也呈现了建安时期政治家们满怀抱负、慷慨激昂和文人谋士们满腹经纶渴望建功的胸怀以及整个社会动荡而又充满豪情的状态。郭沫若先生在论述建安文学时精辟地说："建安文学在中国文学史上是有着划时代的表现的。"

三、与建筑遗产相关的红色传统与典范

在邯郸运河这片热土上，近现代以来有着深厚的红色文化传统。我党早期革命活动家郭隆真、抗日民族英雄范筑先、革命教育家谢台臣、治水专家王化云等均是红色文化的杰出典范，他们的故居成为革命传统教育的基地，激励着当代人继续奋斗。

第四节　搭建建筑遗产的文化传承平台

目前，我市通过规划建设遗址公园、博物馆、革命传统教育基地、社科大讲堂，设立文化生态保护区、产业示范基地、文化创意园、传习所等多种形式，搭建起运河文化传承平台，收到了很好的效果。同时，还要把搭建挖掘研究平台、普及教育平台、创新创意平台和传播活动平台列入议事日程。

一、搭建挖掘研究平台

第一，要充分发挥社会科学联合会的作用，争取国家和省市社科研究基金、国家艺术发展基金、国家出版基金及省市有关专项基金。要整合邯郸市党政机关、研究机构、大学院校和社会团体研究力量，举办运河文化研讨会和高峰论坛，形成合力，组织开展一批重点课题研究，推出更多的研究成果。

第二，支持文化遗产丰富的运河城镇乡村申报国家、省历史文化名城名镇名村和中国传统村落，提高农村和城镇的美誉度与知名度。

第三，结合智慧城市和互联网发展，尽快建立建筑遗产资源保护与共享信息化平台。具体内容如下：

建筑遗产资源保护与共享信息化平台设计按照"统一软件、统一目录、统一分类、统一格式、统一质量"的工作标准，利用科技手段实现建筑遗产保护的科学化，建立建筑遗产保护网络，为建筑遗产保护提供良好的信息共享环境。该平台以数据库为依托，创建建筑遗产保护档案和信息数据库，构建以申报、采集、展示、传承、保护为目的的建筑遗产保护专业网络服务平台，使之成为建筑遗产保护信息交流的重要窗口。

（一）平台设计原则

1.稳定性与可靠性原则。平台的体系结构能够很好地适应开放分布式的网络环境。稳定运行，支持多用户并发操作，支持多用户同时和实时访问，支持海量数据的提取。

2.操作简易性原则。平台框架应简洁有逻辑，平台界面要实用、简单、便于操作，公众参与界面要清晰易懂，下载与上传平台迅捷、方便。

3. 安全性原则。建筑遗产资源保护与共享信息化平台是很强的资源共享平台。要保证知识产权的安全性、数据保存的安全性、个人信息的安全性以及网络环境的安全性。

4. 可持续性原则。建筑遗产资源保护是一件长期而烦琐的工作，其信息化平台应保证系统的可延展性、数据通道的可扩大性、平台框架结构的可变更性、软件系统及设备的可更新可维护性，保证建筑遗产资源保护与共享信息化平台的可持续性发展，避免虎头蛇尾、重复低效工作。

（二）平台的功能设置

1. 信息收集功能。可通过平台完成建筑遗产相关的信息收集及分类整理工作，并对收集来的信息及数据进行甄别与审核，避免无效信息的窜入。

2. 信息查询功能。要求平台能够提供方便、高效、准确的数据查询功能，并且能够全方位地通过多种手段对建筑遗产信息进行展示。

3. 信息管理功能。平台应设置普通用户、专业技术用户、管理用户等多条通道，分别设置权限，对平台的建筑遗产信息的上传、展示、下载、研究分别进行严密的管理。

4. 科研功能。实时推送建筑遗产的科研动态，对相关的研究课题组织申报、审批及结题评审工作。

5. 互动交流功能。通过平台能与相关网站及其他平台进行交互使用，完成信息收集、分类、研究等的延展工作，提供用户交流互动平台。

6. 用户管理功能。完成平台的用户注册及登录、用户信息处理、用户权限设置、用户发布监管等管理工作。

7. 系统设计及维护功能。设计美观、便捷、易懂的平台界面，对用户资料、个人信息、数据资料的安全性进行维护，对系统的运行及更新实时进行维护，保证其网络安全性。

二、搭建普及教育平台

第一，借助中国大运河文化带建设，在全市开展普及运河文化知识的活动，通过各种知识讲座、知识竞赛、文化征文等，使全市人民对运河文化有基本了解，增强其对运河文化的感性认识。

第二，组织力量，编写运河文化的学习教材和读本，从学校抓起，提倡运河文化进课本、进教室、进社区，通过了解运河文化，学习运河文化，提高青少年一代爱运河、爱家乡、爱祖国的情怀。

第三，搭建运河建筑遗产的展示平台。通过建立网站、APP、公众号等平台多方位展示邯郸运河文化带建筑遗产，宣传建筑遗产研究的最新动态，提供公众参与渠道，设立论坛加强政府与民众、学术与社会生活的信息交流。平台建设突出界面的艺术性、简洁性，风格明快、主题突出，内容通俗易懂、平民化。

三、搭建创新创意平台

第一，将文化创意作为邯郸市大运河文化传承的立足点，将文化创新作为邯郸市大运河文化传承的提升，充分利用邯郸市已有的大运河文化创意园、大运河文化产业示范基地、大运河文化生态保护区、邱县动漫产业基地，将运河文化资源转化为具体的文化产品，融入旅游市场、融入消费、融入人们的衣食住行之中。

第二，将发展运河文化产业和现代休闲农业结合起来，利用邯郸市大运河流域优美的自然风光、独特的民族文化、厚重的人文资源，推动农业与文化创意健身、休闲、养老养生融合发展。规划建设一批集文化传承、生态观光、休闲农业于一体的特色小镇、休闲农业采摘园、产业园、示范园。

第三，搭建建筑遗产的创新创意数字平台。运用数字手段从技术到意识开拓建筑遗产保护的新思路，在遗产的保护性利用方面提供创新性思维。

数字化技术目前已经在建筑遗产保护工作中被普遍使用，只存在于文字中的历史、已荡然无存的历史遗迹、虚拟的文化概念都可以通过数字化的虚拟与现实手段予以重现、复原及实物化，现在对建筑遗产的测绘、技术模拟业已达到了较高的精准度，这些数字技术的提升给建筑遗产的保护与传承提供了更多的可能性与可普及性。当数字技术与文化艺术相结合时，便迸发出强大的文化创造力量和艺术审美价值。

在邯郸大运河文化带建筑遗产的保护、传承与利用工作中，应将数字技术与历史文化研究充分结合，开拓创新性遗产保护思维。利用三维扫描技术通过软件处理收集现存建筑遗产的物质信息；利用文献数据和软件处理复原、模拟已消失的建筑遗产；利用文献资料结合虚拟现实技术模拟不同时期的历史场景，并动态显示建筑遗产的历史发展过程；形象生动地呈现非物质文化遗产的产生、发展及再现过程；推演和设计与建筑遗产相关的衍生产品及空间再利用等。通过这些数字化技术与手段赋予建筑遗产以更加鲜活的生命力，使其有更广泛的传播力，扩大其传承与利用的受众面与可能性。

四、 搭建传播活动平台

第一，支持运河流域四县联合申办或单独举办邯郸市旅游发展大会，弘扬运河文化，叫响运河文化品牌。

第二，以大运河文化带建筑遗产的保护与传承为重点，继续办好一年一度的中原地区民俗文化展，开辟运河文化专题展厅，向传播运河文化倾斜。依托邯郸市大运河文化特色资源，支持运河流域四县举办运河民俗节、艺术节、戏剧节、运河特色产品展销会等，推动大运河文化走出去，使邯郸市大运河文化带成为传播中华传统文化的长廊。

第三，利用互联网成熟的现有技术如体感、VR（虚拟现实）、AR（增强现实）、全息投影等创新技术，结合微信、腾讯地图、Google 地图等，为邯郸大运河建筑遗产提供新的传播和活动平台。

在邯郸大运河建筑遗产保护、传承与利用的工作中，需要运用新型数字技术手段，创新建筑遗产的传播内容与传播方式。通过虚拟现实技术可以再现建筑遗产的物质性特征，通过 4D 技术加强观者对历史场景的体验，给传统博物馆增加观演及影像展示，以建筑遗产实物背景为依托设计新媒体演艺方式，设计时尚的以历史场景及历史事件为背景的网络游戏等，建立多方位、多媒体、更加年轻化的邯郸大运河文化传播平台。

Chapter 04
第四章

保护利用

第一节　邯郸大运河文化带建筑遗产保护的原则

2017年2月，正式发布实施的《国家文物事业发展"十三五"规划》提出贯彻执行"保护为主、抢救第一、合理利用、加强管理"的文物保护工作原则，强调"统筹好文物保护与经济社会发展，切实加大文物保护力度，推进文物合理适度利用，使文物保护成果更多惠及人民群众，广泛动员社会力量参与，切实做到在保护中发展、在发展中保护，努力走出一条符合国情的文物保护利用之路……"对邯郸大运河文化带建筑遗产的保护指出了方向。

一、科学化、法制化、规范化的原则

目前我国文保系统已基本形成一套以《中华人民共和国文物保护法》为核心，以行政法规、部门规章及地方法规等相互配套的法律框架，但对如何正确处理经济建设与文物保护的关系，如何正确处理保护与利用的关系仍然缺乏统一的认知。在实际操作中存在在城市改造与建设中有法不依，对文物调查及勘探缺乏规范化的管理；文物管理力量薄弱，历史文化的保护利用缺乏科学及专业的指导；文物归属意识不强，民间文物走私及买卖严重等问题。

因此在邯郸大运河文化带建筑遗产保护与利用的工作中，应以《中华人民共和国文物保护法》为准绳，以科学的文物保护理论与方法为指导，加强文物管理的规范化，对邯郸大运河文化带上的建筑遗产及周边环境进行分级保护、控制、治理及引导。具体要做到：加强文物管理工作对城市建设的参与性与领导性；细化文物的基础工作，科学地对文化遗产进行界定、分级、建档，提出规范管理的相关要求；依法打击各种文物犯罪活动，做到多部门的配合，规范文物市场秩序。做到真正意义上的科学化、法制化、规范化，只有这样才能实现邯郸大运河文化带建筑遗产保护的目标。

二、整体规划、层层递进的原则

《国际古迹保护与修复宪章》（《威尼斯宪章》）指出："历史古迹的概念不仅包括单个建筑物，包括能从中找出一种独特的文明、一种有意义的发展或一个历史事件见证的城市或乡村环境。"对邯郸大运河文化带建筑遗产的保护与利用，只有从整个运河文化带、所处运河文化带节点区域、建筑遗产本身三个层次，进行整体规划、层层保护、小心利用，才能真正贯彻和实施国家的文保政策。

具体应考虑三个方面问题：第一，从宏观整体规划入手，确认遗产保护规划，保证建筑遗产的完整性、连贯性、秩序性；第二，从区域环境保护入手，处理好建筑遗产与整体文化带规划的融合性、风格的统一性；第三，从建筑遗产本身进行保护与利用的单体设计入手，细化各项工作，真正落实对建筑遗产保护与利用的实施。

（一）建筑遗产链的完整性与连贯性

邯郸大运河文化带建筑遗产需要与运河文化相结合，根据文化带的特征将其串成建筑遗产链，共同构成完整的文化带遗产体系，才能承载丰厚的历史底蕴，其历史文化价值才能够最大化。这就要求具体的建筑遗产保护，必须在整个运河文化带遗产保护规划的指导下完成。

（二）建筑遗产与所处文化带节点环境的融合性

任何建筑遗产都不是孤立存在的，必然与它所处的地域文化、环境条件、社会百态有着密不可分的联系。一个合理的遗产保护和利用方案需要从区域层面进行全方位的制定。因此，邯郸大运河文化带建筑遗产保护就应当与其所处地域节点的环境及文化相融合，才能达到有机、有效保护的目的。具体操作时应以建筑遗产所处地域节点的自然环境条件、村落或城市规划、当地社会文化为基础，挖掘遗产保护与利用可能带来的历史文化价值及社会经济价值，对建筑遗产及周边区域环境进行整体的方案制定。

（三）建筑遗产单体的保护与利用

邯郸大运河文化带建筑遗产保护是一项繁杂的工作，涉及文物保护、财产归属、保护与利用程度等多方面的内容。因此，必须在整体规划的原则指引下细化各项工作，制定具体的保护及利用方案。

邯郸大运河文化带建筑遗产，涉及区域广、历史长，并且遗产的形式、规模、现状非常多样且复杂，所以必须制定一套科学、完整的方案，着眼于现状，从整个文化带着手进行整体规划，保证文化带文脉的延续性，然后层层递进地进行。实施过程中则应根据文化带建筑遗产的主次分批次进行，确定整个文化带的主次节点，再将每个节点所包含的建筑遗产化整为零地逐个实现。所以说邯郸大运河文化带建筑遗产的保护将是一个从整体出发、动态、多层次进行的过程。

三、原真性与可持续性并重的原则

邯郸大运河文化带建筑遗产保护的原真性，是指将有价值的及保护现状较好的历史原物予以妥善保护，对遗迹较少的建筑遗产最大限度地保护并展现其所蕴含的历史信息。邯郸大运河文化带建筑遗产保护的可持续性则是指不能为了保护而保护，在挖掘和保护传统文化的同时要让这些建筑遗产焕发青春，赋予其新的价值，保证这些建筑遗产的生命力。

（一）邯郸大运河文化带建筑遗产保护的原真性

邯郸大运河文化带有着悠久绵长的历史，也为我们留下大量的历史文化遗产，其中城市与建筑遗产是浓重的一笔，留下了大量的遗址及遗迹，大到古城遗址，小到石碑石刻，很多都保存较完整且有很典型的历史特征。对这些建筑遗产，在保护中应坚持原真性的原则，最大限度地保护遗产原物。对必须给予修复才能传达历史价值的遗产，应本着"修旧如旧"的原则，尽量从材料及工艺上还原历史原貌，并留下修复痕迹，还历史以原真，留今日之历史。

（二）邯郸大运河文化带建筑遗产保护的可持续性

邯郸大运河文化带建筑遗产不同于其他文物，它通常具有一定可用功能的特征，运河文化带上建筑遗产大多因运河而生、因运河而盛、因运河而衰，许多建筑遗产都随历史的推移一直在发展变化甚至至今还在使用。其实这就是最为自然和朴素的可持续性发展。但也因为历史的原因，许多有价值的建筑遗产已是破败不堪，周边环境条件很差。所以今天我们应以大运河文化带保护为契机，让邯郸大运河建筑遗产焕发青春，赋予它们新功能，让它们与时代共存，这样才能做到可延续的历史保护。

对于邯郸大运河文化带建筑遗产保护，既要最大限度地保护其历史原物与价值，又要在不断前进的社会经济发展中将城市开发与历史保护结合起来，控制开发力度，加强建筑遗产的参与度。二者并重有利于普及和发扬建筑遗产承载的文化，有利于建筑遗产参与经济建设，有利于达到保护与利用的平衡，这才是邯郸大运河文化带建筑遗产的最佳存在方式。

四、公众参与性原则

邯郸大运河文化带建筑遗产保护都与当地居民的生活息息相关。首先，由于邯郸大运河文化带生活着代代相传的居民，所以建筑遗产中有一部分属于私人财产，建筑遗产保护和利用方案的确立及实施都需要得到所有者的认可。其次，在建筑遗产保护工作的管理过程中依赖当地人民群众的配合。最后，这些建筑遗产所承载的历史文化是依托当地人民群众的情感与习俗来展现的。

所以在邯郸大运河文化带建筑遗产保护过程中应遵循公众参与的原则。第一，结合当地百姓的利益和情感，激发公众对建筑遗产保护的热情和认知；第二，可以通过公众参与将当地老百姓的生活和情感需求充分融合到建筑遗产保护方案中来，达到最大的公众认可度；第三，加强公众参与可以确保运河建筑遗产保护工作的顺利实施，保持建筑遗产的生命力。

第二节　邯郸大运河文化带建筑遗产保护的策略研究

对邯郸大运河文化带建筑遗产保护，既要坚持分类指导、突出重点、加强基础的文保方针，又要有针对性地从遗产个体保护方案的确立、建筑遗产与所属节点地域生态环境及文化经济环境的整体融合性方面展开保护工作。实现科学的、规范的、可持续性的、广为认可的邯郸大运河文化带建筑遗产保护。

一、健全法律与政策优化

邯郸大运河文化带建筑遗产的保护是一个需要多方配合和严格管理的工程。目前我国的建筑遗产保护工作还存在认知不统一、管理不规范、城市建设与文物保护相矛盾时法律不完善的问题，所以建立一套健全的法律法规和合理的政策制度对建筑遗产的保护至关重要。

（一）依法保护、健全监管

由于邯郸大运河文化带建筑遗产保护并不是一件普识性很强的工作，

必须通过严格遵守统一法则行事才能避免保护过程中的随意性。只有用法律来监督具有保护责任的管理部门，用法律武器震慑破坏建筑遗产的违法者，才能实现邯郸大运河文化带建筑遗产的保护。完善相应的法律法规，针对邯郸大运河文化带建筑遗产应尽快出台并完善相应的保护管理条例，厘清各层级之间的相互牵制及管理体系，对文物犯罪和无视文物保护管理的行为严把执法关，支撑邯郸大运河文化带建筑遗产保护实施全过程的顺利进行。

（二）优化政策、协调利益

社会是发展的，政策也不应该是一成不变的。政府针对建筑遗产保护所制定的管理制度及细则，需要实时进行优化和更新，使其能适应时代的发展，起到监督和管理保护的作用。

第一，建筑遗产的现状在变化，保护次序、力度需根据实际情况进行调整；第二，社会经济发展的进程在变化，对建筑遗产与城市建设的共生关系应适时调整；第三，对涉及私人产权的建筑遗产（如民居、古树、寺庙等），建筑遗产产权的界定、相关经济补偿、参与管理的主体间的协作关系等实施细则，也需要根据经济发展水平等进行协调与优化。只有不断优化遗产保护政策，协调各方利益关系，各司其职，才能对邯郸大运河文化带建筑遗产保护工作保驾护航。

二、激发热情、参与决策

邯郸大运河文化带建筑遗产作为运河文化的载体，有着多元的文化和悠久的历史，对传统文化的传承、历史的研究都有着不可估量的价值。但对邯郸大运河文化带建筑遗产保护工作，社会各界的认知存在很大的差异，学术界和政府的认知与对经济发展的追求没有达到平衡、民间不理解以致缺乏热情。

（一）加强政策引导

首先，从政府层面加强认知，政策制定充分尊重学术界的意见，由专人制定切实的邯郸大运河文化带建筑遗产的保护规划与实施措施，保护好文物，适当修复与开发。其次，将区域发展与遗产保护工作统筹进行，因地制宜，适当开发，可以带来更大的经济发展。最后，各级政府需加强相关工作的交流与沟通，用全域观的角度规划保护工作，从而使邯郸大运河文化带建筑遗产保护免予纸上谈兵。通过保护再利用推动邯郸大运河文化带的文旅事业，追求遗产保护和地方经济发展的动态平衡，达成共赢。

（二）加强公众参与

邯郸大运河文化带建筑遗产具有公共属性，这也表明对其的保护关系到社会的公共利益，同时公众也是建筑遗产保护工作的利益共同体，对遗产保护的归属感将激起民众对遗产保护的热情。

第一，加强对邯郸大运河文化带建筑遗产保护的宣传，通过举办相关会议及活动、建立网络公众平台、结合博物馆做专题展览等方式，让当地居民真正了解其重要价值，提升他们对家乡的文物和历史的自豪感。

第二，增加政府及专业部门所制定的邯郸大运河文化带建筑遗产保护规划设计及政策的透明度及公众参与度，给予公众一定的话语权。这会大大增强民众的主人翁意识，使民众积极参与建筑遗产的保护工作。

公众参与帮助政府制定的政策有更大的社会接受度，会减少在政策实施过程中的矛盾与冲突，激发民众对家乡历史和文化的了解及保护的热情，监督政府对建筑遗产保护工作的管理，完善政府的保护机制。

（三）加强民间组织的参与性

除了政府组织制定、管理、实施邯郸大运河文化带建筑遗产保护工作，各种民间组织也在遗产保护工作中起着很大的积极作用。这些民间组织包括学术团体、公众社团等多种社会力量，有的有着很强的学术专业性，有的有着很强的民众参与性，有的与政府有着很强的合作关系，在邯郸大运河文化带建筑遗产保护工作中起到保护方案的制定、加强公众参与、监督政府管理、协调各方矛盾的作用。民间组织作为政府与民众的桥梁，可以更好地协调各方面的利益关系。

综上，应充分利用政府、民间组织、公众三者的合作关系，共同推动邯郸大运河文化带建筑遗产保护的发展。

三、 制定科学先进的实施方案

1976 年内罗毕联合国教育、科学及文化组织大会第十九届会议通过了《关于历史地区的保护及其当代作用的建议》。这是国际上第一次对历史文化及建筑遗产的保护在学术理论层面给出了具有通识性的定义，提出"保护"是指对历史或传统地区及其环境的鉴定、保护、修复、修缮、维修和复原。"历史或传统地区及其环境"包括历史遗迹、城镇、建筑及其周边环境因素。以此为基础，美国提出历史"保护"分为对历史遗迹进行"保存、更新、修复和重建"的理论。将对历史遗迹保护从纯粹的保存及复原提升为合理更新后的保存。我国的《中国文物古迹保护准则》又进一步细化了对"保护"内涵的界定，将"保护工程"确定为日常保养、防护加固、现状整修、重点修复、原址重建、环境治理和回填保护。从实施细则上对历史遗迹及环境的处理方式给出了较为明确的概念。

对邯郸大运河文化带建筑遗产的保护应以《中国文物古迹保护准则》为基准，根据建筑遗产的现状从技术上直接采取相应的保护措施，同时从管理上进行间接保护。

（一）直接保护措施

直接保护措施是指利用不同技术手段直接作用于建筑遗产本体。对于历史价值较高、现状较完整的、利于保留其原真性的建筑遗产采取维持性保存、局部加固等方式进行保护，例如大名天主教堂。对于建筑遗产本身保存较好，但所处环境难以保持其整体性的情况可以采取迁建的形式，将建（构）筑物拆分重组异地保存，如大名五礼记碑。对于现状已经不完整的建筑遗产可以利用技术手段修复。对于已消失但极具保护价值的建筑遗产可以在原址上有根据地重建，起到展示与传承的作用，例如邺城三台。最后对于一些保存完好，建筑功能得以延续的建筑遗产进行改造更新，使其能够被再次利用，例如大名七师。

直接保护措施采取之前需对建筑遗产进行价值评估及分级，对现状进行专业的技术评价，并做一定范围内的公证，谨慎实施而且必须满足必要性、科学性、整体性、可识别性的原则。

（二）间接保护措施

间接保护措施是指从管理方式和手段上对建筑遗产进行保护。目标是预防建筑遗产的再破坏，维持其稳定性和延续性。

首先是对建筑遗产的日常维护及防护，制定严密的管理机制，对建筑遗产及其周边环境定期进行监测和风险评估，判断遗产老化的规律，及时预防风险、排除隐患，做到未破坏即保护。其次是对建筑遗产的环境进行治理，包括自然环境因素的改善和人文环境的配套，从而增强建筑遗产的整体性，实现价值提升。

四、建筑遗产的再利用

"让收藏在博物馆里的文物、陈列在广阔大地上的遗产、书写在古籍里的文字都活起来。"把历史通过博物馆进行展示和传承是邯郸大运河文化带建筑遗产保护的重要途径之一。根据邯郸大运河文化带建筑遗产的类型、保护现状、行政划分、地区文化等因素，可以构成展示方式多元、专题特色鲜明、富有地域层次、以运河文化为主线的博物馆体系。

（一）主题公园

对一些规模较大、保存较为完整、历史文化地位较高、处于区域文化中心地位的建筑遗产，可以其为依托建立大型主题公园。例如，可以大名故城为主题建立大名故城遗址公园，通过对遗址的展示普及故城历史、城市营造的相关知识，通过对当时生活场景的模拟使游客了解故城与运河的关系，联想大名在整个邯郸大运河文化带上的作用，增强当地居民的自豪感，同时也丰富地方旅游资源及群众的文化生活，从而带动经济的发展。

（二）建立主题博物馆

依托邯郸大运河流域的相关文化主题，建立主题博物馆，并且与学校教育结合成立教育基地，普及邯郸历史文化，加强对邯郸大运河文化的了解。例如，展现邯郸大运河的历史文化教育展览馆、讲述革命事迹的红色文化展览馆、纪念先贤的名人展览馆等主题展览馆。

（三）建立地方博物馆、展览馆

根据区域划分和历史文化资源的配比，将一些保留不够完整的建筑遗产进行整合，结合一些建筑遗产的遗址、旧址等建立地方性的博物馆和展览馆。

1.将保留构件、文物等进行馆藏及展示。

2.通过新的科技手段，如电子复原、全息影像等方式再现建筑遗产的光辉。

3. 将大运河文化与地方历史及文化结合进行展示，增加知识性与可看性。

（四）带状展示带

由于邯郸大运河文化的特殊性，有许多建筑遗产呈点状分布，有些只有少量遗存，而又未到必须馆藏的级别，可以根据运河流线、全域规划建立带状的展示公园，将点状遗产根据大小作为景观依托形成景观空间架构，既起到展示作用又能丰富景观的文化性，丰富旅游资源。丰富多彩的展示形式，可以进一步提升邯郸大运河文化带建筑遗产的历史价值，帮助观览者从多方位、多角度体验邯郸大运河文化带的建筑遗产。反过来，邯郸大运河文化带建筑遗产的展示设计也可以为博物馆发展提供新的思考、新的技术尝试，例如场景的虚拟与现实表达、云参数模型实现文物数字化存档等。

第三节 邯郸大运河文化带建筑遗产
的空间布局体系架构

邯郸大运河文化带建筑遗产数量多、范围广、内容丰富，但同时也存在分散、距离长、吸引力低等问题。通过构建运河遗产长廊和生态走廊，可以将分散的遗产点串联起来，形成科学的保护方法，突出遗产的文化价值、历史价值、生态价值。

根据邯郸城市主体功能分区，凸显生态文旅特色的要求，对大运河邯郸段空间布局按照"一轴、五区、二古城、多节点"的构想进行规划。

一、一轴——线性布局

围绕大运河邯郸段的线性空间，两边的建筑遗产在其所形成的线性场的影响下产生联系，从而形成线状空间形态的建筑遗产布局。

以这一段运河、一系列文化遗产串联所形成的宏观环境中的遗产廊道，建设邯郸运河生态文旅廊道，加强运河沿线流域生态修复和环境保护是重点，同时保护并传承都城文化、陪都文化、民族宗教文化、碑刻文化，发挥运河沿线的自然生态优势和历史文化优势，构建大运河风景和绿道网络体系，串起馆陶县（馆陶）、大名城（魏州）、魏县城（洹水）、临漳县（邺城）等历史文化城镇和永济桥、邺城三台、大名天主教堂等历史遗存。

二、五区——面域布局

以地域分区，形成面域空间形态的建筑遗产布局。邯郸大运河文化带建筑遗产中存在很多规模较大的组群遗产，如历史街区、历史名城名镇、分布面积广大的遗址等。由于在一定区域内遗产呈一定的分散状态，因此，面域遗产环境整体不仅具有遗产的集合性、覆盖性、综合向四周扩散的特点，而且在面域范围内，可以将相关建筑遗产单体通过历史年代、使用功能或文化特征建立联系，增加建筑遗产的保护价值，形成集群效应，便于规划发展，实现经济效益与遗产保护的双赢。

五区指的是都城文化核心展示片区、陪都文化核心展示片区、民族宗教文化展示片区、运河民俗展示片区、隋唐运河文化遗址保护展示片区。

（一）都城文化核心展示片区

包括今邯郸市临漳县的邺城镇，依托曾是"六朝古都"的邺城遗址的历史地位，以邺城三台遗址公园为核心，加快建设建安文学博物馆，恢复临漳古八景、邺都文创园等项目，营造"邺都"的品牌效应。

（二）陪都文化核心展示片区

以曾七为陪都、有着丰富陪都文化底蕴的大名府故城遗址为依托，加快建设大名故城遗址博物馆、城墙线性景观带、以大名石刻博物馆为核心的石刻文化公园等项目，营造"古城—故城"品牌效应。

（三）民族宗教文化展示片区

由大名境内宗教建筑组成，以大名天主教堂为天主教建筑遗产代表，以大名清真东寺、大名金北清真寺、大名西营清真寺为伊斯兰教建筑遗产代表，以大名兴化寺为佛教建筑遗产代表，整体制定保护与利用方案，在展示宗教文化的同时也是历史上大名多宗教共存景象的独特体验。

（四）运河民俗展示片区

包括馆陶镇区域，以国家级保护单位萧城遗址为依托，恢复馆陶古八景，建设运河民俗体验园，与地方经济结合打造粮画小镇等特色小镇。

（五）隋唐运河文化遗址保护展示片区

包括魏县城区域，以"龟驮城"的传说为依托，利用旧渠改造，改建水利，形成环绕式的"护城河"，建设隋唐运河博物馆、根据魏县古八景打造水城新八景，打造"梨乡水城"。

三、二古城——大名故城遗址、邺城遗址

（一）大名古城遗址

大名府故城始建于十六国建熙元年（360），明建文三年（1401）由于漳卫水齐发，被淹于水，全部埋于地下1～5米，长达千年之久。由于大名府故城系一次被淹，埋于地下，所以保存完好，地面城廓明确，无大型企业，村庄稀疏，尤其是宫殿区地表均为耕地，是我国一处最具开发价值的古城址，是国务院公布的第六批全国重点文物保护单位。

（二）邺城遗址

邺城作为三国时期曹魏、十六国后赵、冉魏、前燕，北朝东魏、北齐"六朝古都"，兴于东汉末期曹操开挖白沟之后，终于隋朝前期，400余年间，一直是北方政治、军事、经济、文化的中心，在历史上具有举足轻重的地位。邺城遗址是国务院公布的第三批全国重点文物保护单位。

两座古城遗址都是因运河而生且因运河而兴的典型代表，历史遗迹明确，历史特征明显，同时蕴含多种文化特征，必将成为邯郸运河文化带上最大的节点。

四、多节点——点状布局

一些独立存在的单体建筑和组群遗迹，形成点状空间形态的建筑遗产布局。这些点状布局的遗产具有向心、收敛和聚焦的特点，能够以全方位均衡辐射的作用影响周边环境。

邺城三台、大名故城、大名天主教堂、大名清真寺、魏县水城……运河记忆于一座城市而言，往往是由一些标志性的地区地标组成，它们俨然成了运河记忆的特殊符号。在邯郸运河文化带的空间布局中，重视这些特殊的文化符号，构想以这些大大小小的建筑文化遗存为标志性节点，把邯郸大运河文化带串成一条张弛有度、高品位、高颜值的"珍珠项链"。

第四节　邯郸大运河文化带建筑遗产利用的策略研究

一、聚合多层面力量，走合作共赢之路

（一）国家层面

国家将大运河文化带建设上升为国家战略后，一定会出台政策支持大运河文化带发展，势必会谋划一批文化项目、产业项目、旅游项目、环境治理项目进入国家经济社会发展规划抑或整合一部分资金向大运河文化带建设倾斜。这将是邯郸市东部农村振兴发展转型面临的又一次机遇。

邯郸大运河文化带国家级文物众多，是整个大运河文化带资源的重要组成部分。这是邯郸市在大运河文化带战略的特殊优势，可以此为重要切入点，以邯郸市主要领导挂帅，主动出击，与国家发改委等有关部委进行对接，讲明邯郸在中国大运河文化带建设中的重要地位及历史上的辉煌、列举邯郸在城市发展转型中面临的困境和机遇，争取国家更大的支持，将邯郸市更多的项目列入国家的大盘子之中。

（二）地方层面

邯郸市曾召开市长办公会进行专题研究与落实，成立由时任市长王立彤任组长，市委常委、宣传部部长丁伟和副市长杜树杰任副组长的"邯郸大运河文化带建设协调领导小组"，对邯郸市大运河文化带建设作了全面安排。邯郸市发改委召开完成了《中国大运河（邯郸段）建设规划文本》及《重点建设项目》编制。现在的关键是对照所列项目倒排计划，狠抓落实。

建议组建专家咨询委员会，整合邯郸市建筑研究、运河研究、历史研究、考古研究、旅游研究、水利研究、国土研究、名城名镇名村及传统村落研究、发展战略研究等各方面的力量，形成合力，开展专题研究和项目可行性论证，为项目的实施从学术上提供理论及技术力量。

首先，应依法加大各级文保单位所辖的邯郸大运河文化带建筑遗产的配置，强化文博场馆对运河文化及建筑遗产的展示力度，优化公共服务设施，加大相关文创产品的推广。其次，加大地方经济对运河文化及建筑遗产保护的投入，保障建筑遗产保护的顺利实施，通过支持利用遗产资源创造经济效益，补充保护工作的资金需求，实现经济与文化的齐头并进。

（三）社会层面

要通过财政杠杆作用，引导国家开发银行、农业开发银行等政策性或开发性金融机构采取专项贷款基金的方式，向大运河文化带建设倾斜；鼓励商业性银行、农村信用社加大对大运河文化带建设的支持力度；通过PPP模式的项目运作、政府购买服务等方式，引导社会资金参与大运河文化带建设；鼓励和支持当地企业和在外的乡贤投资，为大运河文化带建设出力。

应倡导地方各界积极参与运河文化带建筑遗产的保护及利用，鼓励他们依托运河文化及建筑遗产资源开发设计多样的文化产品和服务产品，从而增强参与保护工作的积极性。同时创造空间条件、物质条件、教育条件提高公众对历史文化信息的了解程度，增强公众对运河建筑遗产保护的认知，支持社会公众参与建筑遗产保护的政策制定、方案规划、决策监督，提供公众发声的渠道。通过公众的高度参与确保地域传统文化的继承发展，保证整体保护与规划设计的顺利进行，保证实施后的进一步管理和发展。

二、高起点规划，走天人合一、人与自然和谐之路

目前，邯郸市按照河北省发改委的要求，已经编制完成《中国大运河文化带（邯郸段）建设规划文本》。这是一个符合邯郸市实际情况又具有前瞻性且可操作性很强的设计规划。它必将为邯郸市大运河文化带建设起到纲领性的作用。

虽然顶层规划设计已经完成，但是由于各县发展规划、各业务主管部门和文物保护、水利、环保、植树造林、全域旅游等专项规划颇多，因此，搞好各规划之间的协调，做到无缝对接，避免互相撞车是规划编制部门的重要任务。

规划落地的过程中，要坚持局部突破与全面实施相结合，局部先动，以局部行动带动全局；跨流域项目和本地项目并举，本地项目先行，以本地项目促跨流域项目实施。还要定期开展督查评估，将大运河文化带建设纳入各有关单位年度考核目标，对行动不力者追责，切实把大运河文化带建设规划落到实处。

尊重历史，保护历史环境。邯郸大运河文化带建筑遗产作为邯郸地区重要的历史文化遗产，有着邯郸独特的文化内涵，并带来宝贵的自然景观，都是不可逆的、抢救性保护对象，这种唯一性意味着它将是邯郸的垄断性地方旅游资源，未来的商机无限。邯郸大运河文化带自然生态环境和建筑遗产以及地方经济发展是相辅相成、互相支撑的关系。过度的经济开发会破坏地方生态环境从而造成建筑遗产的破坏，还会给地方文化造成不可逆的损失。而过度强调封闭式的保护又会失去经济的支撑，影响人们的生存环境，使保护流于一纸空文。所以对于邯郸大运河文化带建筑遗产的保护，必须秉承基于保护宗旨的保护性开发利用的指导思想，确保可持续发展。

坚持保护，注重合理开发，确保可持续发展。邯郸大运河文化带建筑遗产保护需要大量的投入，从某种意义上讲，势必牺牲眼前的部分利益，影响地方的现实政绩；地方产业发展是经济行为，重在效益优先。因此在保护历史遗产时应做到：第一，处理好长远利益与眼前利益的关系，改变杀鸡取卵、竭泽而渔的破坏性发展方式；第二，处理好宏观效益与微观效益的关系，树立大局观念，统筹考虑，把旅游经济的发展放到整个地方经济体系中考虑；第三，处理好经济发展目标和社会发展目标的关系，社会主义现代化应是物质文明和精神文明全面发展、经济目标和社会目标双重进步的现代化，绝不能有所偏废，必须两手抓，两手都要硬。

建立可持续发展的保护体系和更新机制。完善保护体系框架，加强社会对邯郸大运河文化带建筑遗产的认知。政府应加大对文化遗产的投入和保护力度、广泛发动公众参与支持、加强舆论监督机制。

三、创新体制机制，走改革发展之路

（一）管理层面的创新机制

大运河文化带建设作为新时代中国特色社会主义文化建设中的一项重要工作，需要有新的体制和机制来运作，并推进落实。因此，要构建适应大运河文化带建设特征的区域合作机制、水资源协调机制、交通互联互通机制、资源共享机制。

1.区域合作机制

由于历史变革，大运河除在大名县是穿境而过外，在魏县已成为与河南省清丰县、南乐县的界河，在馆陶已成为与山东省冠县的界河。因此，大运河文化带建设在邯郸市已成为跨省域、跨市域、跨县域的巨大系统工程。这需要上一级行政主管部门在原有的大运河申遗城市联盟的基础上，研究组建运河流域区域合作共建机制和联络协商会议制度，定期交流信息，共同探讨合作事宜，研究解决大运河文化带建设中的重大问题，两岸衔接、上下联动，推动大运河文化带建设有序进行。

2.水资源协调机制

邯郸市大运河流域属海河水系，国务院 2012 年批准的《海河流域综合规划》对卫河的定位是行洪、排涝、灌溉。这和国务院所给出的大运河文化带建设的定位显然不同，需要国家层面进行协调调整。而河道治理开发建设规划和涉水项目的审批、水量的分配，均由水利部海河水利委员会负责，日常管理归属于漳卫南运河管理局，从现在分配给邯郸市的用水量来看，远远满足不了大运河文化带建设的需要。据水利部门匡算，仅满足通航景观功能和生态涵养，每年就需新增水量 6 亿多立方米，也需要省和市政府与海委协商。因此，建立部、省立、市水资源协商共享机制非常重要，只有这样才能从根本上解决邯郸市运河缺水问题。

3.交通互联互通机制

邯郸市运河流域基本实现了村村通公路、乡镇通公交，但是与运河周边的一些风景名胜点还没有形成一条统一的观光游览路线，特别是与山东和河南的一些景点仍然有断头路、卡脖路。因此，建立运河流域交通互联互通机制非常重要，特别是省际之间的互联互通。而打通断头路，建立省际间的、县域之间的、乡镇之间的、旅游景点之间的交通互联级别也非常重要。

4.资源共享机制

目前，我市与周边地区由于行政管辖切割历史文脉，严重制约着运河流域旅游市场的发展。如邺城在邯郸市留有邺城遗址、三台遗址等众多建筑遗产，以其为中心的建安文化影响深远，也留有曹操 72 疑冢的传说。而在全国掀起曹魏文化热的曹操墓，就在与邺城距离很近的河南省安阳市。为此，构建跨越两省、完整的曹魏文化旅游线是非常必要的。构建资源共享机制，就是要打破行政区划，构建符合历史文脉的旅游市场机制，从而"打造一个平台，走资源共享，携手共赢之路"。

（二）应用层面的创新机制

涉及"邯郸大运河文化带建筑遗产"应用层面的创新机制，应建立健全安全长效机制、资产管理机制、保护机制。

1."邯郸大运河文化带建筑遗产"安全长效机制

实施文物平安工程，建设邯郸大运河文化带建筑遗产安全监管平台，实现文保单位安全防护措施全覆盖。

2."邯郸大运河文化带建筑遗产"资产管理机制

健全邯郸大运河文化带建筑遗产资产管理体系，制定邯郸大运河文化带建筑遗产资产管理办法，建立资产动态管理机制。实行邯郸大运河文化带建筑遗产资产管理报告制度，常态化邯郸大运河文化带建筑遗产登录制度，建设邯郸大运河文化带建筑遗产数据库。由各级人大常委会进行监督管理。

3."邯郸大运河文化带建筑遗产"保护机制

第一，推进邯郸大运河文化带建筑遗产的相关项目的立项和管理，坚持以遗产保护为依据的土地空间规划与管理；第二，对于文物保护区域的地方建设，健全考古制度，做到考古论证在先、建设施工在后的制度，并强化考古项目监理工作；第三，建立邯郸大运河文化带建筑遗产保护利用示范区，推动邯郸大运河文化带建筑遗产整合和集中连片保护利用，在确保文物安全的前提下，支持在邯郸大运河文化带建筑遗产保护区域因地制宜适度发展服务业和休闲农业。

四、强化宣传引导，走科学传播之路

邯郸大运河文化带建筑遗产保护要突出自身特点，体现地域文化优势，强化宣传引导，走科学传播之路。

（一）建立大运河博物馆

博物馆不仅是征集、典藏、陈列、普及教育与研究人类文化遗产实物场所的公共机构，也是宣传普及大运河文化的重要平台。邯郸市博物馆建设取得了长足进步，除了邯郸市博物馆和各县都建有综合性的博物馆外，还建立了赵文化展示馆、邺城遗址博物馆、磁州窑博物馆、磁山文化博物馆等专题文化博物馆。但还没有一个综合性的、全面展示作为世界文化遗产方面的中国大运河博物馆。因此，应尽快补齐这个短板，除运河流域四县规划建设的博展馆外，全市应规划建设一个全面展示博大精深运河文化的博物馆。

（二）完善博物馆、文化馆宣传长效机制

加大基础信息开放力度，支持文物博物馆单位逐步开放共享邯郸大运河文化带的建筑遗产信息，建立专题展示区域，定期组织相关科普讲座及论坛活动。

（三）叫响运河文化牌

品牌是一种识别标志，一种价值理念，一种精神象征。在宣传工作中同样要叫响品牌。在邯郸市大运河文化带的建筑遗产宣传上，品牌还是一个弱项。邯郸拥有"六朝古都"的邺城和"两为古都、七为陪都"的大名府故城，这样的建筑遗产优势，在全国各地并不多见，但是邯郸在运河文化中的地位却并不广为人知，这是我们宣传中的一个短板。因此以建筑遗产为核心，在宣传引导上叫响运河文化牌，应是邯郸市大运河文化带建设中宣传工作的重中之重。

（四）实施全媒体传播

通过网络、媒体、出版物、运河题材的电视剧与动漫、微信等方式加大运河文化的宣传力度，将传统媒体和新兴媒体相结合，广泛传播邯郸大运河文化带建筑遗产蕴含的文化精髓和时代价值，使更广大的民众了解运河、关心运河、热爱运河，不断提高运河文化的影响力与魅力。

第五节　邯郸大运河文化带建筑遗产利用的生态修复

一、水网生态的修复与环境再造

邯郸大运河文化带是以运河为主导元素而确立的，以运河为主线的全域水网系统的生态环境是整个文化带生态环境的主要组成部分。良好的水网生态肩负着运河沿线区域的自然气候优化、农业灌溉、城市安全、城市生态环境、运河文化传承的重任。"自然""安全""亲水""文化"是邯郸大运河文化带水网生态修复的宗旨，具体包括河道治理、河道截污、城区补水、城区建设。

第一，水网生态修复应从治污开始，构建政府统领、市场驱动、公众参与的水污染防治新机制。要推进雨污分流、截污同流，加快污水处理工程，建立巡查制度，实行动态管理，杜绝企业偷排污水现象的发生。要结合美丽乡村建设，开展环境治理，进行厕所革命，实行垃圾入箱，倡导无害化处理，降低水质污染。

第二，根据邯郸大运河文化带的水系特征，以《海河流域防洪规划》《漳卫河流域防洪规划》《邯郸市大运河文化带保护规划》为主要依据进行水系河道治理，通过防渗漏措施减少水量流失，利用适当节流设施控制水系的不同地段水量，逐步开通观光航道、恢复古渡口、打造水镇，建立运河旅游系统。

第三，引运河之水进县区，按照不同区县在运河流域的特殊地位，建立点、线、面不同性态的水网系统，增加城区水量，从而改善气候生态。同时，以其重要的建筑遗产为依托，进行湿地公园、观光航道、传统文化展示制作区、民俗风情体验区、地方小吃品尝区、文化典故再现区等重点工程建设。

二、绿色生态环境建设

以运河水系及其流域水网建设为基础，进行生态环境的建设。第一，以水网堤岸空间为主体建立水网的绿色廊道网络，形成有水即有林、林林相连的绿色生态环境。第二，以水网的性态为中心营造同样多性态的绿地层次，点状、成行、成林，草坪、灌木、乔木，多种层次相映衬，互为图底，打造"水流千里，路树环绕，碧湖映城，婉转萦回"的生态景观。

在具体的景观打造过程中秉承"因地制宜"的宗旨，尽量采用当地树种，与当地气候特点相契合，尤其可以与当地的带有景观特色的作物相结合，做到四季皆宜、有花有果，切忌盲目跟风种植。同时可以结合建筑遗产规划建设园林性景观，形成集生态保护、休闲观光、文化体验、产业发展于一体的运河生态环境。

第六节　文化旅游业的发展

一、挖掘景观资源

我国有着重视景观塑造与提炼的传统，邯郸市运河流域的临漳、大名、魏县及馆陶四县中均有着独具地域特色的"古八景"。与运河相关的景观特点在第二章古景点中已详述，其余大都为即时景，并留有文人诗作歌咏印证，虽大多已随着古迹的废毁古有今无，但值得提炼与挖掘。

（一）临漳

明代《临漳县志》记载古有八景，除了第二章介绍过的与运河相关的"回隆返照、漳水晴波"外，还有"铜雀飞云、九华雪霁、百阳荷风、太行远翠、奎阁春光、柳园月色"等六景，有遗迹的可追溯到三景。

1. 柳园月色

"风吹绿柳浪匀匀，映月参差色更新。数转莺啼天欲晓，婵娟隐隐送行人。"这首诗描述的便是古临漳县柳园镇的景色。相传古代这里种植着大片的柳树林，柳园镇也是因此而得名。每到柳树成荫的时候，近看柳枝如丝，随风摇摆；远看在晨雾中又绿柳如烟，美轮美奂；尤其在明月当空的夜晚，站在村口高台上看，柳林在风中又如波涛汹涌，非常壮观。故而留下了"柳园月色"的佳话。

2. 奎阁春光

在临漳县城城墙的东南角，明朝时曾坐北朝南建有一座角楼，名为"奎星阁"。一到早春残雪的时候，奎星阁北面的积雪还未融化，一派寒冬景象，而楼阁南面已经长出了嫩绿的草芽，春意盎然。后被文人墨客冠以"奎阁春光"的美名，并留下了"奎阁融融快远眺，春光谭泡拂牙签。栏前旭日风吹絮，壁上新诗水著监。几点遥青观笏拥，一湾新绿喜波恬。应知雕鹗清秋起，华国人文萃陛廉"的佳作。

3. 铜雀飞云

临漳邺城三台之一"铜雀台"，初建之时高约 24 米，到后赵石虎时期又加高并建楼，高耸入云。每到天气晴朗的时候，登铜雀台仰望天空，蓝天仿佛就在头顶，而飘浮的白云仿佛就飘荡在楼台之侧，人就像随楼台一起飞上了天空，与云为伴，美不胜收。后人用"铜雀飞云"来形容此美景，也形容铜雀台之高耸。当然今天我们已经看不到这样的景观了。

（二）大名

古志大名古八景有"古刹晨钟、谯楼暮鼓、凌角烟霞、莲池浥雨、卫水归帆、惬山古堰、白水清风、穆堤夜月"，古运河的变化影响着当地的气候与景观。其中"穆堤夜月、卫水归帆、白水清风、惬山古堰、莲池浥雨"五景均与大运河有关，已在第二章中介绍。其他三景都因建筑的毁废而消亡，景观塑造中可加以追溯。

1. 谯楼暮鼓

谯楼暮鼓一景在原大名县治东门，今旧治东村。

谯楼即城楼。古人采取敲钟击鼓的方式进行报时，朝来撞钟，暮来击鼓。每当晚霞初降，夜幕来临，薄暮的霞光惨淡地映照城楼，城楼之上击起有节奏的隆隆鼓声，声声沉闷，回荡在天际，别有一番意境。

2. 古刹晨钟

古刹晨钟一景在大名县旧治村东南角。北宋徽宗时期，曾建有古寺白佛寺，清乾隆年间，毁于水灾。

每当清晨破晓，白佛寺僧人便按节律敲击寺中大铁钟，集合僧众作早课。清脆而洪亮的钟声，远震古城内外，使世人油然升起对清高脱俗、超凡入圣的修行生活的敬仰。现在，只有旧址尚在，此景不现。

3. 凌角烟霞

该景在旧治村东南明清大名县城护城河。登上城楼，放眼望去，护城河宛如白练。傍晚时分，晚霞从云层迸射，映照粼粼水面，缭绕的烟霞与袅袅的水气混为一体，如梦似幻，秀景宜人，使人有"落霞与孤鹜齐飞，秋水共长天一色"之感。

清乾隆二十二年（1757），漳卫水齐发，城废景亦废。

除此以外，还有魏县的"书阁藏经、高馆礼贤、重城叠壁、漳堤烟雨"和馆陶的"陶山夕照、黄花故台、萧城晓烟、古井甘泉"均有可以重新塑造或加以提炼的元素。随着大运河文化带建设，邯郸市必然会形成新的、具有时代特色的人文景观和生态景观，这是人们关注的焦点，是重要的旅游资源。如何将相关景观进行论证、提炼，是现今急需解决的问题。

二、培育旅游品牌

（一）提升传统景点

邯郸大运河文化带的传统景点有邺城三台、大名天主教堂、大名明清府城、大名古碑博物馆、魏县梨乡水城、鬼谷子祠等旅游景点。传统景点的提升可以做到以下几点。

1.主题提升——挖掘景区文化，找到唯一主题，围绕这一主题打造核心吸引力。例如，邺城三台的文化价值就是邯郸大运河文化带的核心吸引力，利用邺城的都城陪都文化、城市建设管理史、建安文学人与事等方面，围绕文化价值主题打造邺城三台景区。

2.项目引爆提升——新项目的开发(包括夜旅游产品)、旧项目的改造。例如发掘邯郸大运河文化带地区的庙会文化、建设民俗体验等，发扬地方特色，开发传统景区的特色旅游。

3.交通提升——便捷化、游乐化、生态化、体验化。例如，开通邯郸大运河文化带的特色旅游线路，设立邯郸市区到主要景点的专用交通线路，使景区的游览更加通畅、游客的体验更有趣味性。

4.景观提升——符合主题，注意细节。如建筑风貌、交通系统、休憩节点、标识系统等。

5.管理提升——景区标准化管理、营销管理、运营管理、盈利管理等。

6.服务提升——景区旅游交通指示服务、景区内的接待服务质量。

（二）培育新的景区

1.馆陶公主湖风景区

对城区段卫西干渠及河岸综合治理，利用东苏村废弃砖厂建设 500 亩水面的生态景观湖，并以此为基础，打造生态风景区。

2.大名滨河公园

通过东风渠引民有渠水入超级支渠，引黄河水入小引河，在大名县城建设 500 亩水面的大名滨河公园。

3.大名故城遗址博物馆

挖掘梳理大名故城遗址的物质遗存与文化遗存，建设遗址博物馆公园。

4.运河民俗体验园

与馆陶特色小镇相结合挖掘运河流域邯郸段的乡土文化，开发民俗体验、民俗文创产品、特色民宿，建设运河民俗体验园。

5.隋唐运河博物馆带状公园

与魏县水城"护城河"结合，修建隋唐运河博物馆及系列景观，打造与古八景对照的新八景。

（三）发展乡村旅游

根据运河流域村庄现有的古迹、民俗、民风和非物质文化遗产中蕴含的个性特色和运河文化基因，结合"乡村振兴"建设，大力发展以休闲度假、旅游观光生态游、传统技艺体验游、研学旅行游等为内容的乡村游。

依据各县风土人情，结合当地经济特色，打造各具特色的文化小镇。如魏县的双井古渡口文化小镇、张二庄书画小镇、郭家坊纺棉纺织小镇、刘庄梅花拳小镇等；大名的龙王庙运河古镇、邓丽君故里、回乡小镇、知青部落、武术小镇、花生小镇、香油小镇等；馆陶县的粮画小镇、黄瓜小镇、彭艾小镇、花木小镇、教育小镇等。

在运河流域建设养生养老休闲基地、背包客和驴友营地、农村生活体验区等，彰显运河乡韵、乡情，增强运河旅游产品的参与性、体验性与教育性。

（四）打造精品旅游路线

根据现有景点分布情况，本着"关联度高、创品牌、宜实施"的原则，分两个阶段，对邯郸市运河流域建筑遗产旅游线路进行打造和培育。

第一阶段，按照现行区划管理，以县为单位，采取景点连线的方式打造四条旅游线路：第一条是临漳县内以邺城三台遗址公园为核心的曹魏文化线路；第二条是魏县境内的梨乡水城线路；第三条是大名古城内的宋府明城线路；第四条是馆陶境内的卫运河线路。

第二阶段，当条件成熟时，采取打破行政区划，实施资源共享，强强联合，打造两条起点高、品牌亮、叫得响的精品线路：第一条是以国家考古遗址公园——邺城考古遗址公园为核心（含三台遗址公园、邺城博物馆等），连通磁县北朝墓群、安阳曹操墓的曹魏文化精品线路，全景展现曹魏文化的博大精深和六朝古都的辉煌；第二条是以世界文化遗产——中国大运河为依托，连通魏县梨乡水城、大名宋府明城、广府永济水城的隋唐永济渠精品线路，全景展现大运河优美的自然风光和深厚的文化底蕴。

三、加强旅游景观规划设计的地域特色

当前一部分盲目跟风式的旅游景观建设掩盖了各方水土应有的独特风景，只有在旅游景观设计中融入地域性特色才能焕发旅游业的生命力。

（一）景观空间规划的地域性

邯郸大运河文化带有国家级文保单位 4 处、河北省重点文保单位 10 处，如大名府古城、大名五礼记碑、馆陶王占元宗祠等建筑遗产呈"一轴、五区、二古城、多节点"的整体空间布局，邯郸大运河景观带也应与建筑遗产的布局相匹配，进行整体的规划设计。邯郸大运河文化带以重点建筑遗产区域作为主要景观节点，以运河文化公园、遗址公园、历史文化街区等形式进行营造，以运河邯郸段为景观轴线进行总体规划，分段制定合理的旅游线路，做到以运河为主题，段段有景、景景有文化遗产、处处有故事的地域性旅游景观。

（二）景观构成要素的个性化

景观的构成要素是景观设计的物质表象，包括景观硬地、绿化、水体、小品等。当前随处可见千篇一律的景观构成要素的设计，建筑小品要么明清仿古，要么现代简约，种着流行的植物，早已引起游客的审美疲劳。在邯郸大运河景观带应结合每个节点的文化特点设置个性化的景观构成要素。

第一，景观节点的空间布局应与相应的建筑遗产相结合，根据其历史形制布置场地，如广场硬地、道路设置、配套小品等。例如，邺城遗址的景观主要体现魏晋南北朝的特点，空间上突出中轴对称、分区明确，道路系统级别分明、结构严谨。

第二，应根据当地遗址的历史时期建筑特点、建筑构件形式、建筑色彩搭配、建筑细部装饰设计有鲜明地区特色又富有创意的作品。例如，邺城的高台建筑特点、汉阙形式的建筑；再如五礼记碑、狄仁杰祠堂碑景区应设计唐代风格的疏朗简洁的小品建筑；大名府古城应体现宋代华丽、精美的装饰特点。

第三，景观绿化设计应充分发挥乡土植物的魅力。首先，在不同的气候、地形等生态因子的作用下，植物的品种及生长都有很大的差异，充分使用本土植物造景能够最大限度地适应当地自然气候，给景观营造与维护带来极大的便利；其次，乡土植物对于当地游客来讲能够产生强烈的情感共鸣，例如魏县的梨花，对于外地游客来讲能起到强烈的宣传作用，引导游客了解本地的自然资源、气候特点、地方文化，起到带动地方经济的作用；最后，可以结合地方诗歌、画理营造地域植物景观，如在临漳段、魏县段、大名段，利用柳林、桑林、莲池再现"柳园月色""翳桑连云""莲池淫雨"的历史景观，创造出具有人文特点的景观。

（三）景观审美意象本土化

景观审美意象是景观设计构思及立意的起点与依据，目标是使游客通过对景观实体设计的体验，产生审美愉悦感及情感共鸣。既关乎景观实体的形式美审美规律，又关乎景观能带来的情感内涵。在邯郸大运河文化带的景观规划设计中，审美意象的设定应将本土的文化内涵与景观的形式美规律充分结合，做到情境融合。

本土的文化内涵包括当地的代表历史时期、代表文化、代表建筑遗产所承托的哲学理念、人文价值观、思维意识、审美取向等多方面内容。需要对本土文化深入挖掘与提炼才能恰当呈现。例如："邺城遗址"最辉煌也最为人知的，一是曹魏时期邺城的中轴对称、分区明确的方格网城市空间，引领了中国的造城法则；二是当时建安七子留下的大量建安文学代表作；三是邺城三台的盛景及大量的山水苑囿；四是邺城及周边的佛教文化及遗存表现出的多种文化兼收并蓄。而其景观审美意象可提炼为：强调规则有序的哲学理念与价值观；以"建安风骨"为代表的人性觉醒、洒脱不羁；无为隐逸于山水之间的生活态度；以佛教文化为主的多种文化交融。

景观形式美规律则是指景观需要满足人本身朴素的大众审美规则，符合统一、对比、均衡、韵律等形式美法则以及景观的生态性原则。尤其是景观的生态性，不仅仅是指扩大植物的种植面积，还是一种追求山水自然法则、天人合一的可持续性发展的审美意象的表达。

综上，在邯郸大运河文化带的景观规划设计中应遵从本土的审美意象，充分以表现地域性历史文化内涵为宗旨营造乡土化的、更有生命力的地域性景观。

四、加快基础设施建设

（一）交通建设

尽快构建以县城为依托，各旅游景点和特色小镇互联互通的交通网络，提高运河景区的通达度和便捷度。

在城市公交向农村延伸、县城公交向乡镇延伸的基础上，规划向景区、景点、特色乡村延伸，实现交通网络全覆盖和无缝对接。

在此基础上，规划景区与景区、景点与景点之间的道路交通网，特别是与区域外著名景点的交通网，打通邺城考古遗址公园与安阳曹操墓、殷墟博物馆之间的断头路；修建与漳河生态园、磁县北朝墓群之间的游览通道；组织编制大名府考古遗址公园和大名历史文化名城与周边景点的道路规划。

（二）"厕所革命"

2017年11月，习近平总书记就旅游系统推进"厕所革命"工作取得的成效作出重要批示，"厕所革命"为推动旅游业发展，实施乡村振兴战略注入了活力。

邯郸市运河流域"厕所革命"行动较快，但发展不平衡，"第三卫生间"还存在短板。离相关部门要求的主要旅游景区、旅游线路等的厕所达到全A级标准，5A级景区都要建"第三卫生间"还有很大差距，应尽快补齐短板。

（三）设施建设

要坚持"五个原则"：统一规划与重点建设相结合的原则、政府主导和市场运作相结合的原则、突出地域文化元素特色和功能配套相结合的原则、现有设施改造提升和新建相结合的原则、适度超前和符合当地实际情况相结合的原则。

要将基础设施建设和服务设施建设一起抓，做到"八个有"：有游客咨询服务中心、有高标准停车场、有游览线路指示图、有游览景点和厕所等公共设施指示标记、有景点介绍说明牌、有游客休憩区域和设施、有安全应急信息管理系统、有特色旅游产品经销处。

要做好旅游景区景点的配套建设。规划建设具有运河文化特色的主题酒店、快捷酒店，支持建设民宿、农家乐、自驾游营地、风味小吃一条街、休闲购物区等。

对食品安全要常抓不懈，加强软件建设，不断提高服务质量。适时推出一批经过地方或学术团体认可的旅游餐饮品牌。

参考文献

1. 专著

[1] 林源：《中国建筑遗产保护基础理论》，高校建筑类专业参考书系，中国建筑工业出版社，2012 年。

[2] 薛林平：《建筑遗产保护概论》，中国建筑工业出版社，2013 年。

[3] 潘谷西：《中国建筑史》（第六版），中国建筑工业出版社，2009 年。

[4] Peter J.Larkham，"*Conservation and the City*"，[UK]Routledge，1996.

[5] 申有顺：《中国大运河邯郸》，研究出版社，2010 年。

[6] 桂志辉：《大名历史编年》（上卷），中国文史出版社，2012 年。

[7] 黄浩：《临漳县志》，临漳县地方编纂委员会编，中华书局，1999 年。

[8] 任润刚：《馆陶县志》，河北省馆陶县地方志编纂委员会，中华书局，1999 年。

[9] 王学贵：《魏县志》，河北省魏县志编纂委员会，方志出版社，2003 年。

[10] 陈奇龄：《大名县志》，大名县县志编撰委员会，新华出版社，1994 年。

[11] 孙明君：《三曹诗选》，中华书局，2005 年。

[12] 杨建波，夏晓鸣：《大学语文》，武汉大学出版社，2009 年。

[13] 龚克昌，周广璜，苏瑞隆：《全三国赋评注》，齐鲁书社，2013 年。

[14] 林留根：《世界文化遗产中国大运河的考古阐释与文化解读》，《东南文化》，2019 年。

[15] 黄永年：《邺城和三台》，《中国历史和地理论丛》，2015 年。

[16] 黄杰：《建设大运河文化带的历史价值、时代意义与可借鉴的国际经验》，《档案与建设》，2019 年。

[17] 孙久文，易淑昶：《大运河文化带建设与中国区域空间格局重塑》，《南京社会科学》，2019 年。

[18] 郑亚鹏，唐金玲：《山东运河文化遗产品牌开发探究:基于"互联网+"思维》，《美术大观》，2018 年。

[19] 葛剑雄：《大运河历史与大运河文化带建设刍议》，《江苏社会科学》，2018 年。

[20] 赵中枢：《文化传承比申遗更重要:南粤古驿道牵手今昔》，《城市规划》，2018 年。

[21] 杨家毅：《浅析大运河(北京段)文化带的内涵》，《北京联合大学学报》(人文社会科学版)，2017 年。

[22] 殷明，奚雪松：《大运河文化遗产解说系统的构建——以大运河江苏淮安段明清清口枢纽为例》，《规划师》，2012 年。

[23] 刘怀玉，陈景春：《江苏大运河文化产业带的特色及其实现路径》，《扬州大学学报》(人文社会科学版)，2010 年。

[24] 张峰：《大运河文化遗产保护利用传承的历史考察(2006—2017)》，《农业考古》，2018 年。

[25] 梁洪，蔚芝炳：《北京大名府的历史沿革及其价值所在》，《中国名城》，2011 年。

[26] 石昆鹏：《浅谈虚拟建筑文化遗产展示研究的时代特征与必要性》，《艺术与设计(理论)》，2008 年。

[27] 陈力，关瑞明：《基于类设计理论的历史街区动态保护及其社区再造模式研究》，《建筑学报》，2016 年。

[28] 铁钟：《居住性历史街区数字化采集与交互展示设计研究——以石库门建筑文化遗产保护为例》，《装饰》，2015 年。

[29] 陈红雨：《社会学视角下的建筑文化遗产保护》，《艺术百家》，2011 年。

[30] 石坚韧：《旅游城市的建筑文化遗产与历史街区保护修缮策略研究》，《经济地理》，2010 年。

[31] 吴尧，Francisco Vizeu Pinheiro：《建筑遗产保护整体性原则的重新解读》，《合肥工业大学学报》(自然科学版)，2010 年。

[32] 胡英盛：《浅析我国城市历史遗产保护与可持续发展观》，《前沿》，2009 年。

[33] 傅阳：《通过两个案例分析对现状机制下的建筑文化遗产保护的一点思考》，《现代城市研究》，2009 年。

[34] 单霁翔：《乡土建筑遗产保护理念与方法研究(下)》，《城市规划》，2009 年。

[35] 王栋，丁昶：《建筑文化遗产保护在未来建筑学发展中的角色》，《工业建筑》，2008 年。

[36] 吴尧：《建筑文化遗产保护中整体性原则的解析与引申》，《南京艺术学院学报(美术与设计版)》，2008 年。

[37] Riham："City Architectural Heritage Revival: The Need of a New Applied Approach"，*Procedia - Social and Behavioral Sciences*，2016.

[38] Tikam Chand Dakal,Swaranjit Singh Cameotra："Microbially induced deterioration of architectural heritages: routes and mechanisms involved"，*Environmental Sciences Europe*，2012.12.

[39] 王景慧：《城市历史文化遗产保护的政策与规划》，《城市规划》，2004 年。

[40] 李传义：《近代城市文化遗产保护的理论与实践问题》，《华中建筑》，2003 年。

[41] Josep Alessandra："Structural Membranes for Refurbishment of the Architectural Heritage"，*Procedia Engineering*，2016.

[42]邵甬，阮仪三：《关于历史文化遗产保护的法制建设——法国历史文化遗产保护制度发展的启示》，《城市规划汇刊》，2002 年。

[43] 钟超：《安徽省大运河文化遗产保护与规划研究》，安徽建筑大学硕士学位论文，2017 年。

[44] 霍艳虹：《基于"文化基因"视角的京杭大运河水文化遗产保护研究》，天津大学出版社，2019 年。

[45] 张茜：《南水北调工程影响下京杭大运河文化景观遗产保护策略研究》，天津大学硕士学位论文，2014 年。

[46] 蒋奕：《京杭大运河物质文化遗产保护规划研究》，苏州科技学院硕士学位论文，2010 年。

[47] 狄静：《京杭运河山东段旅游资源价值评价研究》，中国海洋大学硕士学位论文，2009 年。

[48] 董岳：《虚拟建筑文化遗产的技术性与艺术性研究》，东华大学硕士学位论文，2005 年。

[49] 王开开：《大名县近代基督教建筑研究》，河北工程大学硕士学位论文，2017 年。

[50] 郑璐：《大名县地区清真寺建筑研究》，河北工程大学硕士学位论文，
     2018 年。

[51] 吕蕊：《历史街区景观风貌的保护与再生》，南京林业大学硕士学位
     论文，2008 年。

[52] 肖潇：《大运河文化带(沧州段)资源的保护策略》，《荆楚学术》，
     2018 年。

[53] 齐欣：《"遗产小道"方法及在中国大运河文化遗产上的应用——以
     大运河遗产小道杭州示范段为例》，《中国水利学会水利史研究会、
     浙江省水利厅、绍兴市水利局.2013 年中国水利学会水利史研究会学
     术年会暨中国大运河水利遗产保护与利用战略论坛论文集》，2013 年。

[54] 毛锋：《空间信息技术在京杭大运河文化遗产保护中的应用》，《测
     绘出版社》《测绘通报》测绘科学前沿技术论坛摘要集，测绘出版社，
     《测绘通报》编辑部，2008 年。

[55] 桂士辉.：《北宋大名府城市形态探析》，《中国古都研究》（总第二
     十六辑），2013 年。